高等职业
上海市高等教育学会设计教育专
丛书

针织服装
面料设计

上海纺织工业职工大学服装学院　编著

中国电力出版社
CHINA ELECTRIC POWER PRESS

内 容 提 要

针织服装面料设计是针织设计（服装与服饰设计、服装设计与工程）专业的重要核心课程。此教材的编写以职业岗位技能培养为目标，以项目设计工作流程为脉络，以针织面料设计任务为载体，以数字化的教学新形态为特色。教材分为三部分，共十章：第一部分简要概述针织服装面料设计理论；第二部分基于针织服装面料设计实践，按照项目设计工作流程，从"任务引入、任务要素、任务实施"三个板块，结合实操，精讲"针织手摇编织机的基础面料组织、创意设计组织；针织电脑横机的基础组织、进阶组织，针织面料设计的纱线组合、花型设计、编程织造、织物分析和应用拓展"的主要知识内容和技能要求；第三部分通过校企合作的实际项目解析，加深和提升对针织服装面料设计应用的理解和认识，增强实践操作技能。

本书每章后附"本章总结、课后作业、思考拓展、课程资源链接"内容，课程资源链接中包括PPT课件、高清面料照片、编程程序等资料，适合作为高等职业院校和应用型本科院校的专业教材，以及专业设计人员的参考用书。

图书在版编目（CIP）数据

针织服装面料设计 / 上海纺织工业职工大学服装学
院编著 . — 北京：中国电力出版社，2024.8
高等职业院校设计学科新形态系列教材
ISBN 978-7-5198-8915-9

Ⅰ.①针… Ⅱ.①上… Ⅲ.①服装面料－设计－高等
职业教育－教材 ②针织物－设计－高等职业教育－教材
Ⅳ.① TS941.41 ② TS105.1

中国国家版本馆 CIP 数据核字（2024）第 099180 号

出版发行：中国电力出版社
地　　址：北京市东城区北京站西街 19 号（邮政编码 100005）
网　　址：http://www.cepp.sgcc.com.cn
责任编辑：王　倩（010-63412607）
责任校对：黄　蓓　常燕昆
书籍设计：锋尚设计
责任印制：杨晓东

印　　刷：北京瑞禾彩色印刷有限公司
版　　次：2024 年 8 月第一版
印　　次：2024 年 8 月北京第一次印刷
开　　本：787 毫米 ×1092 毫米　16 开本
印　　张：14.25
字　　数：422 千字
定　　价：58.00 元

高等职业院校设计学科新形态系列教材
上海市高等教育学会设计教育专业委员会"十四五"规划教材

丛书编委会

《针织服装面料设计》编委会

序一

党的二十大报告对加快实施创新驱动发展战略作出重要部署，强调"坚持面向世界科技前沿、面向经济主战场、面向国家重大需求，面向人民生命健康，加快实现高水平科技自立自强"。

高校作为战略科技力量的聚集地、青年科技创新人才的培养地、区域发展的创新源头和动力引擎，面对新形势、新任务、新要求，高校不断加强与企业间的合作交流，持续加大科技融合、交流共享的力度，形成了鲜明的办学特色，在助推产学研协同等方面取得了良好成效。近年来，职业教育教材建设滞后于职业教育前进的步伐，仍存在重理论轻实践的现象。

与此同时，设计教育正向智慧教育阶段转型，人工智能、互联网、大数据、虚拟现实（AR）等新兴技术越来越多地应用到职业教育中。这些技术为教学提供了更多的工具和资源，使得学习方式更加多样化和个性化。然而，随之而来的教学模式、教师角色等新挑战会越来越多。如何培养创新能力和适应能力的人才成为职业教育需要考虑的问题，职业教育教材如何体现融媒体、智能化、交互性也成为高校老师研究的范畴。

在设计教育的变革中，设计的"边界"是设计界一直在探讨的话题。设计的"边界"在新技术的发展下，变得越来越模糊，重要的不是画地为牢，而是通过对"边界"的描述，寻求设计更多、更大的可能性。打破"边界"感，发展学科交叉对设计教育、教学和教材的发展提出了新的要求。这使具有学科交叉特色的教材呼之欲出，教材变革首当其冲。

基于此，上海市高等教育学会设计教育专业委员会组织上海应用类大学和职业类大学的教师们，率先进入了新形态教材的编写试验阶段。他们融入校企合作，打破设计边界，呈现数字化教学，力求为"产教融合、科教融汇"的教育发展趋势助力。不管在当下还是未来，希望这套教材都能在新时代设计教育的人才培养中不断探索，并随艺术教育的时代变革，不断调整与完善。

同济大学长聘教授、博士生导师
全国设计专业学位研究生教育指导委员会秘书长
教育部工业设计专业教学指导委员会委员
教育部本科教学评估专家
中国高等教育学会设计教育专业委员会常务理事
上海市高等教育学会设计教育专业委员会主任

2023年10月

序
二

人工智能、大数据、互联网、元宇宙……当今世界的快速变化给设计教育带来了机会和挑战，以及无限的发展可能性。设计教育正在密切围绕着全球化、信息化不断发展，设计教育将更加开放，学科交叉和专业融合的趋势也将更加明显。目前，中国当代设计学科及设计教育体系整体上仍处于自我调整和寻找方向的过程中。就国内外的发展形势而言，如何评价设计教育的影响力，设计教育与社会经济发展的总体匹配关系如何，是设计教育的价值和意义所在。

设计教育的内涵建设在任何时候都是设计教育的重要组成部分。基于不断变化的一线城市的设计实践、设计教学，以及教材市场的优化需求，上海市高等教育学会设计教育专业委员会组织上海高校的专家策划了这套设计学科教材，并列为"上海市高等教育学会设计教育专业委员会'十四五'规划教材"。

上海高等院校云集，据相关数据统计，目前上海设有设计类专业的院校达60多所，其中应用技术类院校有40多所。面对设计市场和设计教学的快速发展，设计专业的内涵建设需要不断深入，设计学科的教材编写需要与时俱进，需要用前瞻性的教学视野和设计素材构建教材模型，使专业设计教材更具有创新性、规范性、系统性和全面性。

本套教材初次计划出版30册，适用于设计领域的主要课程，包括设计基础课程和专业设计课程。专家组针对教材定位、读者对象，策划了专用的结构，分为四大模块：设计理论、设计实践、项目解析、数字化资源。这是一种全新的思路、全新的模式，也是由高校领导、企业骨干，以及教材编写者共同协商，经专家多次论证、协调审核后确定的。教材内容以满足应用型和职业型院校设计类专业的教学特点为目的，整体结构和内容构架按照四大模块的格式与要求来编写。"四大模块"将理论与实践结合，操作性强，兼顾传统专业知识与新技术、新方法，内容丰富全面，教授方式科学新颖。书中结合经典的教学案例和创新性的教学内容，图片案例来自国内外优秀、经典的设计公司实例和学生课程实践中的优秀作品，所选典型案例均经过悉心筛选，对于丰富教学案例具有示范性意义。

本套教材的作者是来自上海多所高校设计类专业的骨干教师。上海众多设计院校师资雄厚，使优选优质教师编写优质教材成为可能。这些教师具有丰富的教学与实践经验，上海国际大都市的背景为他们提供了大量的实践机会和丰富且优质的设计案例。同时，他们的学科背景交叉，遍及理工、设计、相关文科等。从包豪斯到乌尔姆到当下中国的院校，设计学作为交叉学科，使得设计的内涵与外延不断拓展。作者团队的背景交叉更符合设计学科的本质要求，也使教材的内容更能达到设计类教材应该具有的艺术与技术兼具的要求。

希望这套教材能够丰富我国应用型高校与职业院校的设计教学教材资源，也希望这套书在数字化建设方面的尝试，为广大师生在教材使用中提供更多价值。教材编写中的新尝试可能存在不足，期待同行的批评和帮助，也期待在实践的检验中，不断优化与完善。

丛书主编

2023年10月

亘古至今，从手工钩针、棒针，发展到数字化无缝全成型电脑横机，针织作为重要的编织技术，见证着人类服装几千年的发展史。

从最初的天然材料和基础结构，到丰富的功能性纤维材料和无穷的复合型组织花型，针织服装面料的结构多样性，展现着当代艺术美感的潮流趋势和前沿的应用性。

从灵感的来源、发散，到科技与时尚的创新拓展，针织独特的多维呈现手段，表达着先进设计理念的迭代。

针织设计是一门综合学科，针织服装面料设计更是一门复合型课程。纤维材料、纺织技术、艺术设计构成了丰富的设计手段，与此同时，也给学习者带来了不小的难度挑战。解决让具有艺术思维的学生掌握线圈结构、计算机编程和数控设备等操作，或是让理工科思维的学生理解色彩搭配、图案设计和艺术设计，拓展创意思维，积极应对产业数字化和人工智能（AI）给设计人才带来的挑战，是我们编写这本教材的初衷。

鉴于此，本教材在内容上重视与产业同步的针织服装面料设计新思潮、新理念、新工艺和新标准的介绍。在专业技能培养的实践教学部分，首先由浅入深地讲解针织各类花型组织结构的设计原理和编程织造方式，使技术掌握更扎实；其次结合我校"SIFEC针织设计打样空间"（校企合作师生工作室）原创设计开发的实际项目案例，以从灵感来源到成品分析的全过程梳理和展示为主线思维进行阐述。教材编写针对行业对于针织面料设计的需求，突出项目导向、实践导向和技能导向的教学组织形式，做到"现学、现练、现掌握、现设计、现应用"，对标"会设计、懂工艺、能编程、有创意"的复合型专业能力要求，面向行业数字化、信息化和人工智能应用的发展方向，明确学习目标的掌握路径。

教材编写力求设计理论精炼概括，设计实践细化深入，设计解析专业实用，并将教材案例的高清图片和程序源文件在线公开，将数字化设计的新形态贯穿并体现于全书。教材的适用群体包括高等职业院校和应用型本科院校的服装相关专业学生、针织服装行业的从业者和有志于从事针织服装设计或对针织服装感兴趣的人士。

本教材由上海纺织工业职工大学服装学院针织教研室编著，由周静负责统筹全书，周学军撰写第一、三章，于蒨雯撰写第二章和全书课件资源整合，刘湛撰写第四章第一节和第五章，郑兴昱撰写第四章第二节与第三节、第六章第一～三节和第八章项目一，王丹峰撰写第六章第四节、第七章第一节、第二节、第六节、第八章项目六和第九章，赵开宇撰写第七章第三～五节、第八章项目二～项目五、项目七和第十章。教材编写中大量采用了"SIFEC针织设计打样空间"的原创设计项目案例和"纺织之光"中国纺织工业联合会教学成果奖"针织设计项目制课程群"的教学案例，对于保证教材的"专业性、应用性、前沿性"，有着极其重要的帮助。

本教材的出版，要特别感谢中国电力出版社梁瑶主任、责任编辑王倩老师的专业指导；上海电子信息职业技术学院和丛书主编江滨教授、副主编程宏教授的鼎力支持；上海纺织工业职工大学和党委书记吕雯俊的积极推荐和支持！诚挚感谢德国卡尔迈耶集团斯托尔公司（STOLL by KARLMAYER）、香港中大实业有限公司、宁波慈星股份有限公司、康赛妮集团有限公司的鼎力相助，M.ORO羊绒纱线品牌、浙江东企纺织集团有限公司、浙江海贝纱线品牌、睿纵（上海）纺织科技有限公司等友好合作企业的一贯支持，以及与上海杉达学院十余年来的精诚合作！对协助图文整理的张芷若、高清插图拍摄和AI稿绘制的林性源、设计主题灵感素材收集、拓展与课程资源整理的陆圣鑫、郭诺萱和朱诗雨等同学，在此一并表示衷心的感谢！

无须讳言，教材相比于日新月异的行业市场，总有滞后的无奈，同时受限于编著的学识和篇幅要求，难免有不足或遗憾需完善，真诚欢迎读者和专家的批评指正，以鞭策我们不断进步。

上海纺织工业职工大学服装学院

2024 年 7 月

目录

第三部分
针织服装面料
设计项目解析

针织服装面料
设计理论

第一部分

第一章 针织服装和针织面料

21世纪，随着互联网技术的快速革新，世界已然成为一个巨大的信息网，时间与空间的距离被科学技术的发展不断拉近，更加推动了中国从"世界制造中心"向"世界创新中心"转型。以高新技术为支撑、以新型面料为载体，服装行业在新技术、新材料的推动下不断创新转型，正向科技化、多元化、个性化的方向发展。

无数富有创意感、时尚感、科技感的服装产品给人们带来了前所未有的视觉冲击，变化的图案组织（如提花、空花、浮纹）和丰富的面料材质（如烂花天鹅绒、极轻透明蝉翼纱）都为设计师带来了尽情发挥设计畅想的载体和灵感。在这些特色各异的服装中，针织服装非常引人注目（图1-1）。

图1-1 针织服装

第一节 针织及针织服装

一、针织

所谓针织（Knitting），是将各种材料的纱线顺序弯曲成线圈、再经线圈相互串套连结而形成织物的工艺过程，分为手工针织和机器针织两大类。

现代针织技术源于早期的家庭手工编织。使用针织方法形成的织物统称为针织物。针织物质地松软，穿着舒适，具有良好的透气性、延伸性与弹性，可较好地贴合覆盖人体各部位廓型。针织产品除服用和装饰用以外，还经常应用于工业、农业、国防和医疗卫生等领域。近年来，针织技术在自身发展及与相关学科交叉渗透的过程中，发展出许多新材料、新工艺、新技术、新的设计理念和新的生产方法，其应用领域越来越广。

（一）手工针织

手工针织早期被称为手工编织（图1-2），是用两根或数根木质或骨质织针，将纱线弯曲、逐一成圈、编织成简单织物的手法。

手工编织历史悠久，可以追溯到原始人类的渔网编结。早期的针织工具非常简单，如棍棒和骨头等。随着手工编织广泛流传于民间，其在发展

图1-2 手工编织

过程中形成了许多精巧的技艺和灵活多变的花型，从棉制手套到真丝袜子、围巾、毛衫、毛裤、帽子等（图1-3），品类丰富多样。

（二）机器针织

机器针织，就是使用机械编织针织物的手法。在针织机械出现前，编织品的应用并不广泛，直至16世纪末精巧的针织编织机问世之后，编织品才开始登临世界主流发展趋势的舞台。由于针织机械有较高的经济效益和广阔的发展前景，其在全世界范围内得到迅猛发展。

针织机械的发明在整个针织工艺发展历程中起到了关键作用。织针是针织机上的主要成圈机件，由钢丝或钢带经机械加工制成，用于把纱线编织成线圈并使线圈串套连接成针织物。织针的不断改进促进了针织机的发展。1589年，英国人威廉·李根据手工编织的原理发明了钩针和编织袜片的手摇袜机，其被命名为李氏袜机。该袜机钩针排列成行，一次可以编织16个线圈，从此针织产品由手工单件制作发展为机器批量生产，极大提高了生产效率，降低了生产成本，为后来针织服装成衣化生产提供了技术保障。1598年，威廉·李在设备改进的基础上又研制出了一台更细密、更完善的袜机，速度为500个线圈/分钟；1817年，英国人马歇·塔温真特发明了针织机和带舌的钩针，欧洲的袜业迅速发展起来；之后数年，马歇·塔温真特又相继发明了舌针、槽针和双头舌针等，为针织机的发展开拓了新途径。1892年，德国STOLL公司生产出手摇横机（图1-4）。1908年，世界上出现了第一台棉毛机。

图1-3 手工针织织物　　图1-4 手摇横机

二、针织服装

（一）针织服装及其设计

针织服装是指运用针织技术、以线圈为最小组成单元制作而成的服装。针织服装一般是相对于梭织服装而言的，而梭织服装的最小组成单元则是经纱和纬纱。针织服装可以由纱线织成面料后裁剪缝制成衣,也可以由纱线直接编织成衣片缝制成衣或全成型服装,因此,除了梭织服装常有的款式设计以外,针织服装设计还包含了面料设计。

除了针织服装款式设计创作之外,针织面料丰富的图案、色调和凹凸不平的纹理效果也能给设计师带来再创作的灵感,这种双重创作是其他传统服装材料很少具备的。钩、编、折、卷、叠、拼、填、撕、染等装饰方法能使针织品视觉效果更强烈。利用各纤维的优势和互补效果,如将基本的平纹组织和提花、毛圈等一起综合应用,能够提高产品服用性能、丰富面料风格。色块的灵活运用也是针织面料一大特色,色块的组合设计或色块的分割使其变得醒目且充满趣味,为崇尚个性化着装的现代人提供了千变万化的选择机会。

随着针织服装面料、款式、色彩、种类和功能的多样化,人们对针织服装的青睐程度与日俱增,设计师也为之倾注了更多的心血,针织服装设计正受到越来越多设计人员的重视,并成为高等院校服装设计课程的重要核心内容(图1-5)。

图1-5 高等院校针织服装专业的学生毕业设计作品

(二)针织服装的发展

针织服装虽然比梭织服装起步晚、历史短(图1-6),但由于它具有许多梭织面料所不具备的独特优点,所以近年来其品种、质量和数量都得到了迅速发展。它质地柔软,吸湿透气,弹性好,活动性强;而轻薄面料款悬垂性好,飘逸感强,穿着贴身合体,舒适无束缚感,非常受欢迎。现在,针织服装已由传统内衣向装饰内衣、补正内衣、保健内衣、内衣外穿发展,针织外衣时装化、个性化、高档化已成为针织服装的新主题。

20世纪80年代以来,随着针织工业新设备、新工艺、新材料的应用,我国针织技术得到了广泛的发展。针织新面料的开发使服装面料更加丰富多彩,加快了针织外衣化、时装化和便装化的进程。绒类针织面料得到相继开发,如天鹅绒、仿桃皮绒、毛圈绒、双面绒等;新研发并应用于针织生产的合成纤维材料兼具天然纤维的特性,克服了针织品的某些缺点,极大扩充了针织品的适用领域;广泛采用化纤面料,使得针织物花色品种大幅度增加。针织机械的不断进步,不仅提高了针织机械的精度和编织速度,也提高了针织产品的产量和品质,使针织物的结合更加合理与完

图1-6 20世纪20年代欧洲针织时装

美。新染料和新助剂的不断诞生也很好地辅助针织品克服了易变形、易收缩等缺点，提高了针织品的尺寸稳定性，改善了手感和外观。

这些极大提升了针织产品的服用性能，如莱卡弹力针织物广泛运用于泳装、体操服和内衣等。同时，社会对针织产品性能的要求越来越高，针织服装的用途也越来越广泛。针织服装发展表现出以下新趋势和主要特点。

1. 针织内衣外衣化

针织服装原是作为内衣穿着的，如棉毛衫、汗衫、背心等。20世纪70年代后，针织品开始应用于外衣设计生产，刚开始只是流行两用衫一类的服装，但是几年之后一般化的外衣就受到了冷落，而设计新颖的针织时装大受欢迎。20世纪80年代后期，我国已经与国际流行接轨，开始流行文化衫，而且一开始就风行全国。一大批设计师对文化衫的流行倾注了大量心血和精力，原来作为内衣穿着的圆领衫、背心等，到了夏天就成为最受欢迎的时装。文化衫的图案内容非常广泛，如人物、风景、警句、名言等都可以成为图案设计的内容元素。

图1-7　女式针织开衫

随着文化衫的流行，原来内穿的一些服装逐渐在款式上有所变化，也可作为外穿服装。针织毛衫一改过去的贴身款式，向宽松的方向发展，这样既可以作为内衣穿着，也可以作为外衣穿着，特别是女式针织开衫（图1-7），可以说花样各异，每个季度都有新的流行款式推向市场。

2. 针织毛衫时装化

毛衫原来属于内衣类服装，如毛背心、套头衫等，而且颜色以素色为主。改革开放之前，能穿上毛衫的人是少数。进入20世纪80年代以后，消费者购买力的提高使得毛衫销量大增，企业和设计师根据这一旺销势头，在毛衫的款式和色彩上不断出新。1984年以后，毛衫在全国范围内广泛流行，外衣化、时装化的趋势越来越明显。

传统的穿着方式已经不适合改革开放后的新形势，同样不符合人们追求的穿着个性，毛衫必须根据季节、年龄、性别、实用性、流行款式和流行色等进行设计，以满足不同消费者的需求。原本的毛衫以贴身为主，时装化的毛衫（图1-8）则更加宽松或加长，更具时尚感。时装化的毛衫在制作工艺上也有很多创新，装饰方法更是五花八门，如绞花、方格、直条、提花、印花和绣花等。时装化的毛衫提供多样颜色，在过去，有的颜色男士不敢问津，但自从毛衫时装大流行以后，穿红色毛马甲、紫红色毛衫的男士也大有人在，甚至能见到色彩更鲜艳、图案更夺目的男士花色毛衫。

图1-8　时装化的毛衫

3. 户外服装多样化

随着旅游和运动成为人们生活的一部分，户外服的内涵也越来越广泛，它成了针织服装的一个重要内容，包括运动装、运动便装、夹克和T恤等。运动装作为人们运动时穿着的必备品，有易穿脱、易活动、透气性好和吸汗性强等特点。由于世界范围内体育活动和健身活动的蓬勃开展，各类带有运动装造型的服装越来越为人们所喜爱。另外，经济发展带来了文化生活的丰富，促使更多的人走出家门外出游玩，大大提高了户外服装的使用频率；同时，生活的节奏加快、观念的更新也使人们喜爱宽松、随意、舒适及行动方便的服装。有了以上这些实用特征，很快便产生了趋于生活化的运动便装。这类服装的特点为短小、紧身、舒适且合体，面料多采用弹性织物和针织面料（图1-9）。

此外，运动装的发展日趋专业化，在特定需求下，运动装由原来稍为宽松小巧的便装样式转为从面料到款式都很专业化的服装，而原来的老式运动装则大多衍化成日常便装。

服装是针织工业的传统产品，虽然目前在比例上有减少的趋势，但其总量仍逐年增加，是我国出口纺织品中的一个大宗类别。由于上述诸多原因，针织品在服饰方面涉及了从内衣到外衣及内外结合的服装品类，还有从帽子到袜子、手套的服饰品类。在时装领域，针织产品近年来独占鳌头。针织面料的毛衫、T恤和运动衫已成为我国针织服装的新三大类品种，这标志着我国针织服装已开始向外衣化、高档化、便装化、时装化和系列化方向发展。

图1-9　针织运动服装

第二节　针织服装面料

针织面料即利用织针将纱线弯曲成圈并相互串套而形成的织物，是织物的一大品种。针织面料具有较好的弹性、吸湿透气性和舒适保暖性。原料主要采用棉、麻、丝、毛等天然纤维，也有锦纶、腈纶、涤纶等化学纤维。针织面料组织变化丰富，品种繁多，外观别具特点，服用性能大为改善，广泛应用于服装、家纺等产品中，受到广大消费者的喜爱。

一、针织服装面料的分类

针织面料分为纬编（weft knitted fabric）和经编（warp knitted fabric）两种，纬编用一根或多根纱线沿布面的横向（纬向）顺序成圈，经编则用多根纱线同时沿布面的纵向（经向）顺序成圈。纬编织物最少可以用一根纱线织成，为了提高生产效率一般采用多根纱线编织；而经编织物用一根纱线是无法织成的，一根纱线只能形成一根线圈构成的链状物。所有的纬编织物都可以逆编织方向脱散成线，但是经编织物不可以。纬编织物可以手工编织或机器编织，有拉伸性、卷边性和脱散性等；经编织物不能用手工编织，因为形成了回环绕结，结构稳定，所以有的弹性极小。

（一）纬编针织面料

纬编针织面料常以低弹涤纶丝或异型涤纶丝、锦纶丝、棉纱、毛纱等为原料，采用平针组织、变化平针组织、罗纹平针组织、双罗纹平针组织、提花组织、毛圈组织等在各种纬编机上编织而成。纬编针织面料品种较多，一般有良好的弹性和延伸性，织物柔软，坚牢耐皱，毛型感较强，且易洗快干；但往往吸湿性差，织物不够挺括，且易于脱散、卷边，化纤面料易于起毛、起球、钩丝。

常见典型的纬编针织面料举例介绍如下。

1. 汗布

由平针组织织成，纹路清晰，易于辨认。布面光洁、质地细密、手感滑爽，延伸性较好，且横向比纵向延伸性大。吸湿性与透气性较好，但易于脱散、卷边。常应用于T恤、内衣等（图1-10）。

2. 珠地网眼

由线圈与集圈悬弧交错配置，形成网孔的珠地结构，变化种类较多。布面上呈现出均匀排列的凹凸效果小孔，透气性好，凉爽舒适，较耐用，易清洗，比一般针织面料更加幼滑及富有弹性。常应用于polo衫、运动服等夏季服装（图1-11）。

3. 针织卫衣布

由衬垫组织在织物反面形成不封闭圈弧而成，多采用位移式垫纱纺织而成，又叫位移布、毛圈布或鱼鳞布，品种很多。一般比较厚实，柔软、舒适，又显得时尚、大方、随性，更显休闲风度。广泛应用于春秋季开衫外套、长袖T恤、连帽卫衣等服装用料（图1-12）。

4. 罗纹布

通常采用不同的编织方法在纵横方向上交替出现凸起和凹陷，形成细长的条纹呈罗纹状，面料设计多样。通常具有很好的弹性、透气性、舒适性和适应性，适合用于贴身或需要伸展性的服装设计。广泛应用于时尚休闲、运动及内衣领域的服装（图1-13）。

5. 针织灯芯条面料

一般采用变化双罗纹组织织成，织物凹凸条纹分明，手感厚实丰满，弹性和保暖性良好。常应用于男女上装、套装、风衣、童装等（图1-14）。

（二）经编针织面料

经编针织面料常以涤纶、锦纶、维纶、丙纶等合纤长丝为原料，也有用棉、毛、丝、麻、化纤及其混纺纱作原料织制的，常采用编链组织、经

图1-10　汗布

图1-11　珠地网眼面料

图1-12 针织卫衣布

图1-13 2×1罗纹布

图1-14 涤纶针织灯芯条面料

平组织、经缎组织、经斜组织等织制。花式经编织物种类很多,常见的有网眼织物、毛圈织物等。经编针织面料具有纵尺寸稳定性好、织物挺括、脱散性小,不卷边,透气性好等优点;但其横向延伸性、弹性和柔软性不如纬编针织物。

常见典型的经编针织面料举例介绍如下。

1. 经编提花织物

常以天然纤维、合成纤维为原料,在经编针织机上织制的提花织物。织物经染色、整理加工后,花纹清晰,有立体感,手感挺括,花形多变,悬垂性好。主要用于制作女士外衣、内衣及裙装等(图1-15)。

2. 经编起绒织物

常采用编链组织与变化经绒组织相间织制。面料经拉毛工艺加工后,外观似呢绒,绒面丰满,布身紧密厚实,手感挺括柔软,织物悬垂性好、易洗、快干、免烫,但在使用中静电积聚,易吸附灰尘。主要用于制作冬令男女大衣、风衣、上衣、西裤等(图1-16)。

3. 经编网眼织物

以合成纤维、再生纤维、天然纤维为原料,采用变化经平组织等织制,在织物表面形成几何形孔眼。服用网眼织物的质地轻薄,弹性和透气性好,手感滑爽柔挺。主要用作夏季男女衬衫面料(图1-17)。

4. 经编毛圈织物

以地纱、纬纱和毛圈纱组合，采用毛圈组织织制而成。手感丰满厚实，布身坚牢厚实，弹性、吸湿性、保暖性良好，毛圈结构稳定，具有较好的服用性能。主要用作运动服、T恤、睡衣裤、童装等面料（图1-18）。

图1-15 经编提花织物

图1-16 经编起绒织物

图1-17 经编网眼织物

图1-18 经编毛圈织物

二、针织面料的应用

针织面料在服装上广泛应用，如内衣、外衣、袜子、手套、帽子；在生活和装饰用布方面也应用颇广，如床单、床罩、窗帘、蚊帐、地毯（图1-19）、花边等。

在工业、农业和医疗卫生等领域，针织面料和针织物也得到了广泛应用，如除尘用滤布、输油输气用高压管、橡胶和塑料工业用衬垫布、石油港口用围油栏、建筑用安全网、农副产品用包装袋、灌溉施肥用低压软管、农作物栽培用网、保护堤岸斜坡用网、人造血管（图1-20）、人造心脏瓣膜、绷带及护膝等。

图1-19 针织地毯

图1-20 人造血管

本章总结

　　本章学习的重点是理解针织、针织服装、针织面料的相关概念，了解针织服装的特点和发展，了解针织面料的分类、特性和发展，为后续学习针织服装面料的设计做好准备。

课后作业

　　（1）什么是针织？
　　（2）简述针织面料的分类和运用？
　　（3）结合自己的生活体验谈谈针织面料和针织服装的应用和发展。

思考拓展

　　（1）学会区别针织面料与梭织面料，了解常见针织面料的特点。
　　（2）收集针织面料和针织服装的素材，思考针织面料的编织原理和特点，思考针织服装的流行趋势。

课程资源链接

课件

第二章 针织服装面料的材质

常用的服装面料材质是将各类纺织纤维经过纺纱加工制成纱线后再织造而成的。针织服装面料材质是针织服装设计的基础要素，是构成针织服装最主要的部分。

随着消费者个性化需求的提高，针织成衣市场的竞争已经进入以材料取胜的时代，针织服装面料材质的更新推动着行业的发展，了解多元化的针织服装面料材质及其性能是非常必要的。

第一节 针织面料材质

一、纺织纤维

纺织纤维主要可以分为天然纤维和化学纤维（表2-1）。

表2-1 常用纺织纤维分类及举例

常用纺织纤维			
天然纤维		化学纤维	
植物纤维（纤维素纤维）	动物纤维（蛋白质纤维）	再生纤维（人造纤维）	合成纤维
	丝纤维 / 毛纤维	再生纤维素纤维 / 再生蛋白质纤维	
种子纤维：棉花；韧皮纤维：亚麻、苎麻；叶纤维：剑麻	蚕丝：桑蚕丝、柞蚕丝 / 绵羊毛、山羊绒（开司米）、兔毛、骆驼毛、马海毛、羊驼毛、牦牛毛	粘胶纤维、铜氨纤维、醋酯纤维、天丝、莫代尔 / 牛奶丝、大豆丝、花生丝	涤纶、锦纶、腈纶、维纶、丙纶、芳纶、氨纶

（一）天然纤维

天然纤维是指在自然界中获得的、可以直接用于纺织加工的纤维，包括植物纤维和动物纤维。

1. 植物纤维

来源于植物的天然纤维棉花（图2-1）、亚麻、苎麻及一些不常见的纤维来源，如竹子、玉米、大麻、大豆丝、海藻等。

2. 动物纤维

来源于动物的天然纤维可以分为丝纤维和毛纤维。

丝纤维蚕丝包括桑蚕丝、柞蚕丝等，来源于蚕茧，是自然界唯一的纺织用天然长丝，价格非常昂贵。蚕丝十分强韧，表面光滑，反光性很好，经常与其他纤维混纺来提高应用广度。

毛纤维包括绵羊毛、山羊绒、兔毛、骆驼毛、马海毛、羊驼毛、牦牛绒（图2-2）等。其中，绵羊毛是目前为止纺织纤维中最常用于针织的纱线，具有天然的弹性，便于编织；美丽诺（Merino）羊毛来自美丽诺绵羊，具有比其他羊毛更细致的纤维（图2-3）；马海毛（Mohair）来自安哥拉山羊，毛质特轻，但耐用性好，具有很好的保暖性和极佳的弹性；开司米（Cashmere）来自克什米尔山羊身上最细最软的内层绒毛，俗称"钻石纤维""软黄金"，轻盈、柔软、亲肤、舒适；安哥拉兔毛由安哥拉兔身上的细长毛绒纺制而成，洁白、蓬松、轻细、滑软、美观、保暖性强；骆驼毛主要选用双峰驼身上的毛纤维，细毛称之为驼绒，粗毛称之为驼毛，

图2-1 棉纤维——棉

天然纤维棉花采摘后，清除秸秆、棉铃以及残留杂物后，棉花在分离机上打散，被拉成棉绒，经过松棉、除杂、纺棉条、并纱、纺纱等流程变成棉纱线。棉纤维具有柔软、吸湿、透气、耐磨等优点，但是弹力较差，易皱，易霉变

图2-2 牦牛绒纤维

Nm2/16 100%牦牛绒是一种天然可持续纤维，纤维细度在18～20微米，纤维奢华柔软。每年只从颈部和肩部进行一次手工梳理，每头牦牛提供约100g绒毛纤维。常见天然牦牛纤维通常是较深的颜色，如黑巧克力棕色

图2-3 超细美丽诺羊毛纤维

Nm2/48 100%超细美丽诺羊毛是羊毛中最细的品种，所以制成的毛衣不但弹性好，而且手感十分柔软细腻，贴身穿也非常舒适。头发纤维直径是50～60微米，而最好的美丽诺羊毛纤维直径仅有11.7微米

骆驼纤维组织结构虽近似羊毛，但长度较长，有中空结构，保暖性强，同时不易毡缩结块。

（二）化学纤维

化学纤维是指用天然的或合成的聚合物为原料，经过人工加工制造而成的纤维，包括再生纤维和合成纤维两类。

1. 再生纤维

再生纤维又称人造纤维，分为再生纤维素纤维和再生蛋白质纤维。

再生纤维素纤维是指以天然纤维素（棉、麻、竹、灌木等）为原料，不改变化学结构，仅改变其物理结构，而制造出来的性能更好的纤维，如粘胶纤维、铜氨纤维、醋酯纤维、天丝、莫代尔等（图2-4）。

再生蛋白质纤维是指用酪素、大豆、花生、牛奶、胶原等天然蛋白质为原料经过提纯、溶解、抽丝制成的纤维（图2-5）。为了克服天然蛋白质本身性能上的一些弱点，通常会将之与其他高聚物共同接枝或混抽成复合纤维，以获得更好的服用性能。

2. 合成纤维

最常见的合成纤维有涤纶、锦纶、腈纶、维纶、丙纶、芳纶（图2-6）、氨纶等。涤纶是一种聚酯纤维，最显著的优点是抗皱性和保形性较好，具有较高的强度和弹性恢复能力，与其他纤维混纺织造出来的纺织面料经久耐穿，但是吸湿性较低，易引发静电现象。锦纶是世界上第一种合成纤维，也称为尼龙，它具有最强的耐磨性，强度高，弹性好，吸湿性较好，由于其织物密度小，重量轻，因此适合户外服装或者需要弹性的针织毛衫制品。腈纶的外观呈白色，卷曲、蓬松、手感柔软，重量较轻，又称为"合成羊毛"，其成本较低，但吸湿性、耐磨性较差，容易变形，常用于混纺，适合中低档的冬季针织毛衫制品。

图2-4　再生纤维素纤维及其产品
天然木材浆粕，它经铜氨溶解纺制而成的再生纤维素纤维——铜氨纤维（a），与高弹纤维进行复合，创造出混纺多结构的新型纱线铜氨丝纱线（b），其织物具有光泽柔和、手感柔滑、可塑性强、极易打理等特点

图2-5　再生蛋白质纤维及其产品
以再生蛋白质纤维（a）、弹性聚酯纤维和山羊绒为原料，通过优质配比混纺而成的蛋白羊绒纱线（b）。其织物具有天然的防霉抗菌性，健康舒适，弹性极佳，手感柔软蓬松，穿着轻盈锁温；山羊绒与摩尔纤维混纺后的织物具有更强的锁温能力，且具有羊绒的轻盈与细腻，长效抗菌

（a）　　　　　（b）　　图2-4　　　　（a）　　　　　（b）　　图2-5

图2-6　芳纶纤维及其纱线产品
芳纶纤维及其纱线产品具有超高强度、耐高温、耐酸耐碱、重量轻、绝缘、抗老化强、生命周期长、化学结构稳定、燃烧无熔滴、不产生毒气等优良性能，常用于航空航天、体育用品、国防军工等领域，可以用作绳索、背景幕布、防弹衣防护服等的制作材料

二、其他线性材质

根据针织成圈原理，只要是条带状的材质就可以被织造成针织结构。通过设计师和创作者的调研、实践以及跨学科的联系应用创新，纱线材质概念的边界被不断拓展。

（一）天然材质

天然材质适合用作创意针织线性材质的天然材质有麻绳、羊毛条、皮革等。通过设计思维的发散，还可以用晒干的水果皮、晒干的鱼皮等改造成线性造型，就可以作为创意线性材质（图2-7、图2-8）。

（二）金属材质

铜丝是一种原料为铜的金属丝，按照直径大小可以分为细铜丝和粗铜丝，直径一般在0.05~10mm，超细铜丝由于其超强的可塑性，可以代替传统纱线或者与传统纱线合股织造出富有一定张力效果的面料或织物（图2-9、图2-10）。

图2-7　橘子皮编织物

图2-8　创意羊毛条针织面料

图2-9　铜丝编织而成的针织面料

图2-10　铜丝与传统纱线合股编织而成的针织面料

（三）可持续材质

废弃衣物、塑料绳、电线以及有机生物纺织材料等来自于回收的废弃物，可以利用其原本的色彩效应，添加在针织基础组织中，形成趣味的花色效应。废弃的衣物，可以将其拆解，将面料切割成布条，重新进行织造（图2-11~图2-13）。

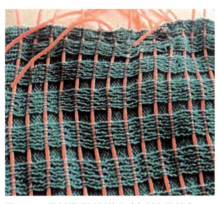

图2-11　塑料绳通过衬纬方式与针织物结合
废弃的绳带辅料可以横向衬纬穿在针织面料中，挺括的绳带可以为柔软的针织物带来硬挺的造型感

图2-12　废弃电线通过流苏形式与针织物结合
废弃的电线可以通过流苏形式与针织物结合，为针织面料带来趣味的肌理质感，可以更生动地表达设计师的创意思路

图2-13　设计师通过针织物呈现新研发的有机生物材料
建筑师、材料设计师尼科莱特·卡拉奇（Nikoletta Karastthi）开发了一种生物活性纺织品，生物纱线由各种浓度的海藻酸钠、从贝类外骨骼中获得的壳聚糖、水和海藻组成，织造成针织服装，旨在探索人类与微生物之间的关系

第二节　针织纱线基础知识

一、纱线的概念

纱线是由纤维加工而成的、具有一定的力学性质、细度和柔软性的连续长条，是制作纺织面料的基本原料形态。在纺织工业中，纱线是指纱和线的统称。

纱又称为单纱，是将许多短纤维或长丝排列成近似平行状态，并沿轴向旋转加捻而成的具有一定强力和密度的细长物体。线又称为股线，由两根或两根以上的单纱捻合而成。

纱线按照长短可以分为短纤维纱和长丝纱。短纤维纱由棉、毛、麻或各种化纤短纤维加捻制成，长丝纱主要包括蚕丝（天然长丝）及各种化纤长丝。

纱线的成分、外观、结构与性能决定了织物的表面特征与性能，因此决定了针织服装的特征与性能。设计师可以通过混合、复合以及不同的加工方式，获得变化无穷的纱线品种。因此，对于创新织物的设计来说，纱线的设计、变化和运用是非常重要的，对于产品的特性起着关键性作用。

二、纱线的细度

纱线的粗细程度一般以细度来表示，细度是纱线最重要的指标。纱线越细，对纤维质量的要求越高，织出的织物也就越光洁、细腻，质量也越好。

（一）细度单位

表示纱线细度的单位有四个，分别是线密度、英制支数、公制支数和旦数，其中英制支数、公制支数是长度单位，旦数、线密度是重量单位。不同的单位适用于表达不同的纱线原料，四个不同单位之间可以进行换算和比较，从而判断出纱线的粗细、面料的厚薄。

1. 线密度

我国法定计量单位规定表示纱线粗细的量为线密度，其单位名称为特克斯，用"tex"表示。

（1）定义：特克斯简称"特"，指1000米长的纱线在公定回潮率时的重量克数。如1000米长的棉纱在公定回潮率时重18克，即为18tex纱；重14g，即为14tex纱。

（2）数值与粗细的关系：线密度数值越大，纱线越粗；数值越小，纱线越细，如18tex比14tex纱线粗。

（3）应用：线密度可以用来表示所有织物纱线的粗细。

2. 英制支数

（1）定义：英制支数是指一磅（454克）重的纱线在公定回潮率时，有几个840码长（1码＝0.914米）即为几英支纱。可简单读作"几支纱"，单位用字母"S"表示。

（2）数值与粗细的关系：如一磅重的棉纱有1680码长，即有2倍的840码长，就称为2英支纱，可写成2S；如一磅重的棉纱有32倍的840码长，即为32英支纱，可写成32S。以此类推，"S"前面的数值越大，表示纱线越细；数值越小，表示纱线越粗。

（3）应用：英制支数一般用来表示棉织物、棉混纺织物，如全棉府绸纱线粗细表示为40英支×40英支，涤棉府绸45英支×45英支等，中长纤维织物也用英制支数表示纱线的粗细。

3. 公制支数

（1）定义：公制支数是指1千克重的纱线在公定回潮率时有几千米长即为几公支纱，简称几支，用字母"Nm"表示。

（2）数值与粗细的关系：如1千克重的纱线有50千米长，即为50公支纱，可写成50Nm。纱的支数越高，纱线就越细，用这样的纱织出来的面料就越薄，布相对越柔软舒适。但是支数高的面料要求原料的品质要高，而且对纱厂和织布厂也要求比较高，所以布的成本会比较高。

（3）应用：一般毛织物、毛混纺织物多用公制支数表示纱线的粗细。如果是多股纱，股线的公制支数，以组成股线的单纱的公制支数除以股数来表示，如26/2、60/2等。

4. 旦数

（1）定义：旦数是指9000米长的丝在公定回潮率时，其重量是多少克就称为多少旦。国际上将"旦"称为"旦尼尔"，用字母"D"或"d"表示。

（2）数值与粗细的关系：如涤纶丝长度为9000米，重120克即为120旦；又如细度为150旦的锦纶丝，则表示该锦纶丝长9000米时，重量为150克。"旦"前面的数字越大，表示丝越粗，数字越小丝越细。

（3）应用："旦"通常用来表示长丝的粗细，包括天然长丝（桑蚕丝、柞蚕丝等）和化纤长丝（涤丝、锦丝、铜氨丝等）的粗细。

（二）纱线细度对针织服装的影响

1. 织物外观

纱线越细，对纤维原料的要求越高，一般长绒棉、细绒棉、美利奴羊毛等细长的纤维，才能纺出细特的纱线。细特纱线织物外观细腻、光洁、毛羽少，织物平整、精致，有高档感、轻薄感。纱线越粗，织物越蓬松、厚实，体现粗犷、休闲、自然、闲适的感觉。

2. 织物手感

相同的纤维原料，纱线越细，手感越柔软、光滑，悬垂性也越好，越舒服。同样纤维的织物，100公支双股的毛涤混纺织物要比10公支单股的毛涤织物细腻、柔滑、手感舒服。但是，纱线粗的织物弹性要比细的好，面料抗褶皱性能也好。

3. 织物性能

（1）织物保暖性：一般来说，织物纱线越细，纤维抱合越紧密，空隙越小，空气含量越少，保暖性越差；纱线越粗，空隙越大，空气含量越高，织物保暖性越好。

（2）织物起毛起球性能：纱线细度细，纤维长度就长，纤维抱合紧密，表面毛羽少，就不易起毛起球；纱线粗，纤维就短，表面毛羽多，就容易起毛起球。

4. 织物成本

织物纱线越细，要求纤维等级越高，价格越贵；纱线越细，梳理、拉伸、加捻等加工工艺越长，成本越高，价格越贵；纱线越细，织物根数越多，织造成本也越贵。

三、纱线的种类

纱线的种类繁多，根据所用原料、纱线粗细、纺纱方法、纺纱系统、纱线结构及纱线用途等都可以进行分类。以下就按原料和产品开发特点分类进行较详细的阐述。

（一）按照原料分类

纱线按照原料可以分为纯纺纱和混纺纱。纯纺纱由单一种类的纤维构成，混纺纱由两种或两种以上的纤维混合而成（图2-14、图2-15）。

纱线原料的选择需要考虑纱线适用服装的季节性以及纱线与设计风格的契合度，在织造的过程中又需要考虑纱线粗细与机器针型的匹配程度。

（二）按照产品开发特点分类

1. 精纺针织毛纱

精纺（针织）毛纱的纱支规格一般大于20公支，有合股纱线、单纱或者多根纱线。精纺针织毛纱的基本原料是绵羊毛，纤维细而长，卷曲度高，鳞片较多，具有较高的纤维强度和良好的弹性、热可塑性、缩绒性等（图2-16）。

在精纺过程中，纤维经过多道工序，包括梳理、拉伸、拉平等，以确保纱线的均匀性和光滑度。这些步骤有助于产生更细腻、柔软的面料，产品布面平整、挺括、纹路清晰，手感柔软，表面丰满，适合制作高档针织服装和精细的纺织品。

2. 粗纺针织毛纱

粗纺针织毛纱的纱支规格多在16公支左右，有合股纱、单纱或双纱，大部分是用较短的绒毛类纤维纺制而成。常用的纱线有羊绒纱、马海毛纱、兔毛纱、驼绒毛纱、牦牛绒纱线等（图2-17）。

粗纺面料的制造工艺相对简单，纤维的处理程度较少，因此纱线的质感较为粗糙，针织面料风格比较自然粗犷，适用于休闲风格的针织服装。

图2-14　纯纺纱1/16S 100%粘胶

图2-15　混纺纱1/16Nm 40%羊毛60%尼龙

图2-16　2/48Nm精纺超细美丽诺羊毛纱线

图2-14

图2-15

图2-16

3. 花式纱线

花式纱线的表面肌理与常规纱线不同，给人以纱线形态变化的装饰感。花式纱线大多是通过控制设备参数和超喂量的多少，使纱线表面形成各种特殊结构和不同外观的装饰纱线。花式纱线主要特点是给织物带来了不同寻常的装饰感，使织物产生变化、更美观（图2-18）。

花式纱线一般由芯线、饰线和固结线三者组合而成。芯线是构成花式线的骨架，是饰线的依附体；饰线是形成花式线效应的主体，也是花式线命名的依据；固结线是把饰线紧固在芯线上，使花形固定。如饰线在芯线表面形成圈状的纱线称为圈圈线，有明显纱线堆积形成结状的纱线称为结子线，形成疙瘩竹节效果的纱线称为竹节线，形成蓬松粗细不匀肌理的纱线称为大肚纱线，利用毛纱的蓬松性形成波浪效果的称为波形线，纱线表面形成细密穗状物效果的称为羽毛纱等。花式纱线的变化非常多样，竹节可大可小，间距可疏可密，毛圈可松可紧，圈形可大可小等。新型的花式纱线设备运用电脑控制，更能变化出无数种不同装饰外形的纱线（图2-19）。

花式纱线主要通过纱线外形的变化，给织物外观带来各种新感受。如各种仿麻织物运用大小不同、间距不等的竹节纱制织，使织物表面显现出粗犷的、自然的、凹凸的竹节花纹，让人感受到一种回归的真情；各种大小不等的毛圈织物，用珠圈线制织，毛茸茸的外观，蓬松柔软的手感，有很好的装饰效果（图2-20）。

4. 功能性纱线

在当前服装面料市场激烈的竞争形势下，功能性产品成为服装企业调整产品结构、转型升级的一大亮点。究其源头，纺织服装面料呈现的多种

图2-17　2/15Nm粗纺牦牛绒纱线

图2-18　1.4Nm绢丝羊绒混纺纱

图2-19　3Nm超细羊驼毛与羊毛混纺花式圈圈纱线

手感细腻，外观温暖，利用针法工艺调节圈纱的大小与细密程度，既可以打造细腻的肌理，也可以展现俏皮的个性外观

图2-20　1/15.5Nm羊毛与牦牛绒混纺花式纱线

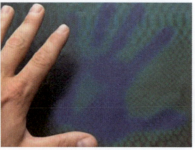

图2-21　温变纱线　　　　　　　　　　　　　　图2-22　反光纱线及其产品

功能在很大程度上是通过纤维纱线的改性、复合来实现的。同时，差异化的纤维纱线产品又能为下游针织服装的开发提供丰富多彩的创造性以及多场合的实用性。

功能性纱线多种多样，有弹力氨纶纱线、防泼水纱线、发热纱线、温变纱线、光变纱线、导电纱线、抗菌纱线、热熔纱线、防紫外线与吸湿速干功能纱线等（图2-21、图2-22）。

四、针织服装的染色工艺

针织服装产品的染色工艺可以分为四种：纤维染色、纱线染色、针织织片染色和成衣染色。

（一）纤维染色

纤维染色是指在纺纱前对纤维进行染色。以羊毛纤维为例，在纺纱前将短纤维去除后，对羊毛纤维进行染色，再进行纺纱织造。

（二）纱线染色

纱线染色是指纤维被纺成纱线以后进行染色，染色的方法有很多种，如绞线（团状）／绞纱染色、筒子纱染色等。绞线（团状）／绞纱染色是将大量松散的纱线浸入染缸中进行染色，处理后的纱线保持柔软和蓬松性。筒子纱染色是将纱线缠绕在专用的筒子上，然后将筒子浸入到染色溶液中，处理后的纱线不如绞纱染色那样柔软蓬松，且纱线容易变脆、颜色不一致。

（三）针织织片染色

针织织片染色是指在制成针织成衣之前对织片进行的染色。

（四）成衣染色

成衣染色是指在制成针织成衣之后对服装进行的染色。

第三节　针织面料基础知识

针织面料相对于机织面料而言，具有良好的弹性、透气性和保暖性以及松软等特性，原因主要是针织线圈结构可以进行转移，而机织物经纬纱不会发生转移。在针织服装设计中要充分考虑针织物的特点，扬长避短或者利用逆向思维进行创新独特的设计。

一、针织面料的延伸性和弹性

针织面料的延伸性是指针织面料在受到外力拉伸时，其尺寸伸长的特性。当针织面料往一个方向拉伸时，另一方向回缩。一般针织面料都是多向拉伸。延伸性主要是由于线圈结构的改变而发生的变形。针织面料一般都具有较大的延伸性。

针织面料的弹性是指引起织物变形的外力去除后，面料恢复原来形状的能力。针织面料的弹性使得在塑造人体曲面时，不需要像机织面料一样去添加松量，不需要利用省道或分割线来进行塑形，不需要利用开衩等来增加活动量或保证可穿脱性。良好的弹性使得其适形性好，针织物能够适合各类人体体型，尤其适用于紧身廓型，内衣、泳衣和运动服等需要贴体和人体活动量的服装款式和种类，甚至某些特殊的造型。

二、针织面料的稳定性

针织线圈结构使得针织面料在拉伸时，线圈圈柱和圈弧相互转移，如果在外力去除后无法恢复原状，会导致针织面料的尺寸稳定性变差。

在自由状态下线圈纵向发生歪斜，线圈的歪斜与纱线的捻度和织物的稀密程度有关。织物越稀松，歪斜性越大，织物越紧密，歪斜越少。如果采用低捻和捻度稳定的纱线，以及适当提高针织物的密度，都可以减少线圈的歪斜现象。

三、针织面料的工艺回缩性

针织面料的工艺回缩是指在加工处理过程中会产生长度和宽度的变化，包括下机收缩、染整收缩、水洗收缩等。针织面料下机后经过一定时间，织物长度会比下机时要短。羊毛衫在穿着洗涤后，规格往往会缩小。针织面料在缝制过程中，其长度与宽度方向也会发生一定程度的回缩。

四、针织面料的脱散性

针织面料的脱散性是指纱线断裂或线圈失去串套联系后，在外力的作用下，线圈与线圈分离的现象（图2-23）。尤其在拼缝的位置容易发生线圈脱散的情况。

图2-23　针织面料的脱散性

五、针织面料的卷边性

针织组织在自由状态下，边缘发生包卷的现象称为卷边（图2-24）。卷边性与组织结构、纱线弹性、粗细和捻度等相关。

一般单面针织物卷边性严重，双面针织物无卷边性。在织物造型上，解决边口脱散性和卷边性的处理方式包括罗纹、饰边、贴边、缝迹处理、流苏穗等。

图2-24 针织面料的卷边性

六、针织面料的护理特性

1. 清洗

不同的针织面料可能有不同的清洗要求。一般建议使用温和的洗涤剂和冷水手洗，特别是对于羊毛和其他易缩水的材料。对于机洗，要使用温和的洗涤剂，并放入洗衣袋中以减少摩擦。

2. 干燥

根据针织面料的成分，判断是否可以使用烘干机，因为高温可能导致缩水或损伤纤维。对于不可烘干的产品，应将针织品平铺在干净的干燥毛巾上自然晾干，不要挂晾，以免变形。同时，要避免面料直接暴晒于阳光下导致褪色。

3. 熨烫和除皱

根据不同的面料成分，应检查标签上的熨烫提示。要使用合适的熨烫温度，一般使用不超过140℃的蒸汽熨斗，并在面料上放置一层保护布进行熨烫，以避免面料直接接触热源。同时，应避免过度拉伸面料导致线圈变形。

4. 储存

避免长时间挂放，以免面料拉伸或变形。一般推荐折叠存放，天然纤维应在折叠处放置防蛀片，以防止虫害。存放在干燥、通风的地方，可有效避免潮湿霉变。

5. 修补

针织面料由线圈构成，对于拉丝或小洞，可及时修补，以防止进一步损坏。

本章总结

针织服装材质是针织服装设计的基础要素，是构成针织服装最主要的部分。本章学习的重点是掌握常见纺织纤维以及其他线性材质的种类与特性。学习针织纱线基础知识，了解纱线的概念、作用、细度以及纱线细度对针织服装的影响，熟练掌握纱线的种类和特性。熟悉了解针织面料的基础知识，并运用其特性进行针织服装设计。

课后作业

（1）请列举常见的天然纤维和化学纤维，并按照植物纤维、动物纤维、再生纤维、合成纤维进行分类。

（2）简述常见的表示纱线细度的单位，分析不同的单位分别适用于什么成分的纱线种类，不同的纱线细度对于针织服装有什么影响。

（3）按照产品开发特点，纱线如何进行分类，并列举常见的纱线品种。

思考拓展

（1）针织面料具有哪些特性？并根据不同的纱线成分、不同的织物特性去思考针织面料与服装设计的关系。

（2）纱线的选择需要考虑纱线适用服装的季节性以及纱线与设计风格的契合度。请思考不同的设计风格、不同的穿着季节应该选用什么成分、什么细度的纱线种类。

课程资源链接

课件

第三章　针织基础知识与原理

第一节　针织编织设备及编织原理

一、针织编织方法的分类

根据编织方法不同，针织分为纬编和经编两大类。两者的主要区别在于纱线方向和组织结构的不同，纬编侧重于横向的纱线运动和编织，而经编则是沿着织物的长度方向进行编织（图3-1）。两者在织物的外观和性能方面有着不同的特点，使用的设备和用途也各不相同。

（一）纬编

纬编指将一根或若干根纱线沿着纬向顺序垫放在针织机的织针上，使纱线依次弯曲成圈，并纵向相互串套，形成针织物的方法。纬编形成的织物称为纬编针织物，完成这一工艺过程的针织机叫纬编针织机。横机编织、圆机编织和手工编织都属于纬编。纬编针织物常用于制作内衣、运动衣、袜类和外套等多种服装产品。

（二）经编

经编是指将一组或几组平行排列的纱线，由经向放入针织机的所有工作针，并同时进行成圈而形成针织物的方法。经编形成的织物称经编针织物，完成这一工艺过程的针织机叫经编针织机。经编针织物常用于制作外衣、泳衣、毛毯、蚊帐、渔网、头巾和花边等。

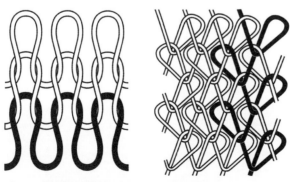

图3-1　纬编组织结构图（左）和经编组织结构图（右）

本教材主要对纬编针织服装面料设计进行详细介绍和论述。

二、针织编织设备

针织机按工艺类别可分为纬编针织机与经编针织机；按用针类型可分为舌针、复合针机和钩机；按针床数可分为单针床针织机与双针床针织机；按针床形式可分为平形针织机与圆形针织机。

纬编针织机种类与机型很多，一般主要由送纱机构、编织机构、针床横移机构、牵拉卷取机构、传动机构和辅助装置等部分组成。其中，送纱机构将纱线从纱筒上退绕下来并输送给编织区域；编织机构通过成圈机件的工作将纱线编织成针织物；针床横移机构用于在横机上使一个针床相对于另一个针床横移过一定的针距，以便线圈转移等编织；牵拉卷取机构把刚形成的织物从成圈区域中引出后，绕成一定形状和大小的卷装；传动机构将动力传到针织机的主轴，再由主轴传至各部分，使其协调工作；辅助装置是为了保证编织正常进行而附加的，包括自动加油装置，除尘装置，断纱、破洞、坏针检测自停装置等。

三、纬编针织机种类

根据针织机编织机构的特征和生产织物品种的类别，目前常用的纬编针织机一般分为圆纬机、横机和圆袜机三大类。其主要技术规格参数有机型、针床数（单面或双面机）、针筒直径或针床宽度、机号、成圈系统数量（也称路数）、机速等。

（一）圆纬机

圆纬机又称大圆机，其针床为圆筒形和圆盘形。

针筒直径：一般在14～38英寸[1]，最大60英寸；主要用来加工各种结构的针织毛坯布，以30、34和38英寸筒径的机器居多；较小筒径的可用来生产各种尺寸的内衣大身部段（两侧无缝），以减少裁耗。

机号：一般在E16～E40，目前最高已达E90。

针型：舌针，少数钩针或复合针。

路数：1.5～4路/英寸筒径，生产效率较高。

机速：一般圆周线速度在0.8～1.5米/秒。

圆纬机可分单面机（只有针筒）和双面机（针筒与针盘，或双针筒）两类，行业内通常根据其主要特征和加工的织物组织来命名。虽然机型不尽相同，但就其基本组成与结构而言，许多部分是相似的（图3-2）。

单面圆纬机：四针道机、提花机、毛圈机等；

双面圆纬机：罗纹机、双罗纹（棉毛）机、提花机、移圈罗纹机等。

---

[1] 针织行业中，由于针型、针号等设备关键参数都与"英寸"对应，如"12针"表示针床1英寸内包含12枚织针，因此本书中的针织设备参数采用行业通用惯例为"英寸"。1英寸=2.54厘米。

图3-2　普通舌针圆纬机　　　图3-3　电脑控制横机

（二）横机

横机主要用来编织毛衫衣片或全成形毛衫、手套以及衣领、下摆和门襟等服饰附件。与圆纬机相比，横机具有组织结构变化多、翻改品种方便、可编织半成形和全成形产品、原料损耗更少等优点，但也存在成圈系统较少（一般14路）、生产效率低、机号相对较低和可加工的纱线较粗等不足。

针床宽度：500~2500mm，一般有前后两个针床，呈平板状；

机号：E2~E18，最高E21；

针型：舌针；

路数：1~4路；

机速：机头线速度在0.6~1.2米/秒。

根据传动和控制方式的不同，一般可将横机分为手摇横机、半自动机械横机、全自动机械横机、半自动电脑横机和全自动电脑横机。目前，电脑控制横机（图3-3）已成为毛衫行业的主要生产机种。

（三）圆袜机

圆袜机是用来生产圆筒形的各种成形袜子，其外形与各组成部分与圆纬机相似，只是尺寸要小许多。

针筒直径：2.25~4.5英寸；

机号：E7.5~E36；

针型：舌针；

路数：2~4路/英寸筒径；

机速：与圆纬机接近；

单针筒袜机：素袜机、绣花（添纱）袜机、提花袜机、毛圈袜机、移圈袜机等；

双针筒袜机：素袜机、绣花袜机、提花袜机等。

四、纬编针织机的编织原理

线圈是组成针织物的基本结构单元，在纬编线圈结构图中，线圈由圈

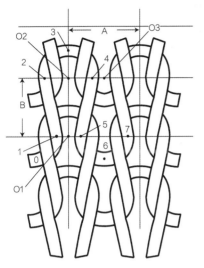

图3-4 纬编线圈结构图

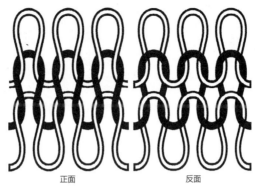

图3-5 正面与反面线圈

干12-34-5和沉降弧5-6-7组成，圈干包括直线部段的圈柱1-2与4-5和针编弧2-3-4（图3-4）。

线圈有正面与反面之分，正面圈的特征为线圈圈柱覆盖在前一线圈圈弧之上，而反面线圈表现为圈弧覆盖在圈柱之上（图3-5）。

在针织物中，线圈沿织物横向组成的一行称为线圈横列，沿纵向相互串套而成的一列称为线圈纵行。纬编针织物的特征是：每一根纱线上的线圈一般沿横向配置，一个线圈横列由一根或几根纱线的线圈组成。在线圈横列方向上，两个相邻线圈对应点之间的距离称圈距，用A表示。在线圈纵行方向上，两个相邻线圈对应点之间距离称圈高，用B表示。

纬编针织物可根据编织时针织机的针床数量分为单面和双面两类：

单面针织物采用一个针床编织而成，特点是织物的一面全部为正面线圈，而另一面全部为反面线圈，织物两面具有显著不同的外观。

双面针织物采用两个针床编织而成，其特征为针织物的任何一面都显示有正面线圈。

第二节　针织基本线圈结构形成原理

一、成圈原理

为便于简捷、高效地形成针织物，针织横机中会采用多种不同类型的织针，其中应用最广泛的是"舌针"。横机的织针将纱线编织成织物的过程称为成圈过程，图3-6是通过成圈过程编织而成的提花织物，成圈过程可分为退圈、垫纱、闭口、脱圈四个阶段。

单针成圈过程如图3-7所示。

（1）织针完成前一个线圈的编织后，新形成的线圈正处于针钩内［图

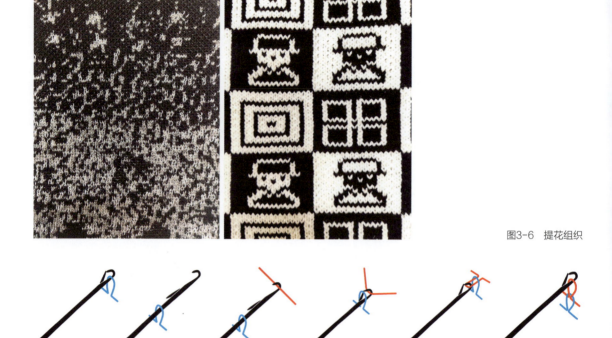

图3-6 提花组织

（a）握持旧线圈　　（b）退圈　　　（c）垫纱　　　（d）闭口　　　（e）脱圈　　　（f）握持新线圈

图3-7 单针成圈过程

3-7（a）]。织针在很大程度上依靠纱线开启和关闭针舌。多数情况下，如果针头内不含线圈，织针将不起作用。

（2）退圈：织针上升运动到退圈位置，线圈把针舌打开并进而滑到针杆上 [图3-7（b）]。

（3）垫纱：织针开始下降，新纱线通过导纱器喂入针钩内，称为垫纱 [图3-7（c）]。

（4）闭口：在织针下降过程中，旧线圈沿着针杆向上滑动使针舌关闭，此时新纱线完全处于针钩与针舌的包围中，称为闭口 [图3-7（d）]。

（5）脱圈：织针将新纱线从旧线圈中拉出形成一个新线圈，这个位置称为脱圈位置，因为旧线圈已经从针头脱到织物上了 [图3-7（e）]。

（6）织针处在脱圈位置，准备上升进行下一个新的成圈过程 [图3-7（f）]。

在针织机上，大量的织针并列排置，一个筒子的纱线依次喂入机器上织针的针钩里，相邻线圈彼此相连，便形成了线圈横列。

二、集圈原理

集圈是针织物组织的基本线圈结构之一，它是在旧线圈不予退圈或脱圈的同时，织针继续成圈，新旧线圈集合在一起而形成的一种组织。完成的集圈结构如图3-8所示。

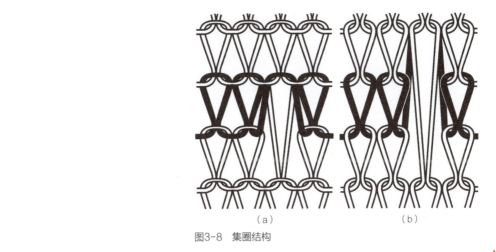

（a）   （b）

图3-8　集圈结构

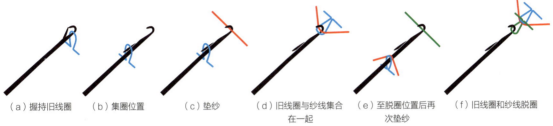

（a）握持旧线圈　　（b）集圈位置　　　　（c）垫纱　　（d）旧线圈与纱线集合　（e）至脱圈位置后再　（f）旧线圈和纱线脱圈
　　　　　　　　　　　　　　　　　　　　　　　　　　在一起　　　　　　次垫纱

图3-9　单针集圈过程

单针集圈过程如图3-9所示。

（1）织针完成前一个线圈的编织后，新形成的线圈正处于针钩内［图3-9（a）］。

（2）织针上升到集圈位置。可以看出，这个动程比编织一个简单线圈所需的动程短一些，没有到达退圈位置，线圈保留在针舌内。但织针上升的高度要保证织针能够钩到来自导纱器的纱线［图3-9（b）］。

（3）垫纱：织针开始下降，新纱线通过导纱器喂入针钩内［图3-9（c）］。

（4）织针继续下降，由于针舌下无纱线，针舌无法关闭，旧线圈仍和新喂入的纱线处在针钩内，新纱线未从旧线圈中拉出，因此没有形成线圈［图3-9（d）］。

（5）退圈与垫纱：织针再次上升开始下一个编织过程。这次织针上升到退圈位置，所以处于针钩内的旧线圈及新纱线一起退到针舌下；新纱线通过导纱器喂入针钩内［图3-9（e）］。

（6）闭口和脱圈：织针下降，原来的旧线圈和纱线将针舌关闭，并处于针舌外面。织针继续下降到压针位置，新线圈从旧线圈和纱线中被拉出，而旧线圈和纱线则脱下进入了织物［图3-9（f）］。

集圈主要用于以下几种情况。

（1）形成组织花型。集圈和相邻变形缩小的线圈排列在一起显现出特殊的外观效果。重复集圈的数量越多，线圈变形和织物表面所起的皱褶也越大（图3-10）。

（2）集圈是在已形成的一个线圈上加入一根不成圈的纱线，所以如果一个针床上的所有织针都在一个横列上集圈，会使织物变厚变宽。

图3-10 集圈组织织物

（3）集圈可以将柔性差、脆性的、过粗的或不易成圈的纱线织入织物。

（4）集圈可以减小单面组织的脱散趋势。

三、浮线原理

浮线结构是基本线圈结构的一种变形，是一种织针不参加编织而在织物上形成的结构（图3-11）。具体来说，就是旧线圈握持在针钩内，从导纱器过来的纱线从针头上方通过，接触不到织针。

浮线形成过程如图3-12所示。

（1）三枚织针处于静止状态，针钩内握持着刚形成的线圈［图3-12（a）］。

（2）两枚织针上升到退圈位置，旧线圈滑落到针舌以下，而另一枚针保持不工作状态；然后两枚上升到退圈位置的织针开始下降，钩取从导纱器过来的垫纱，不工作织针仍将原线圈握持在针钩内［图3-12（b）］。

（3）工作织针将新线圈套入旧线圈，纱线跳过不工作织针那一纵行。由于工作织针纵行上有新线圈形成，织物随之被向下牵拉，所以不工作织针上的旧线圈被拉长［图3-12（c）］。

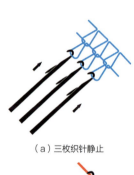

（a）三枚织针静止

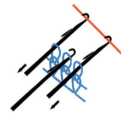

（b）两枚工作针织至退圈位置后垫纱

（c）纱线跳过不工作织针形成浮线

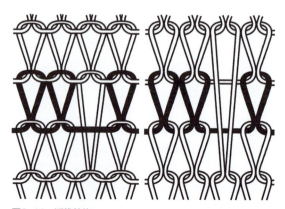

图3-11 浮线结构

图3-12 浮线形成过程

浮线组织常用于以下情况。

（1）形成彩色图案。被选择的织针交替编织不同颜色的纱线，未被选择编织某种色纱的织针不工作，使得这一色纱越过未被选择织针而形成浮线（图3-13）。每横列由两根以上的纱线编织而成。

（2）浮线使纵行线圈相互接近，横列中大量的浮线可缩小织物的幅宽。

（3）浮线限制了线圈横向的自然弹性，大量的浮线增强了横向的结构稳定性。

图3-13　浮线结构织物

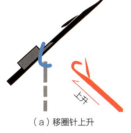

（a）移圈针上升

（b）接圈针进入移圈翻针片

（c）移圈针下降

（d）线圈转移完成

图3-14　移圈过程

四、移圈原理

横机具有将线圈从某一枚针上移到另一枚针上的功能，从而形成一种极具特点的针织结构，称为移圈。但移圈并不是一种新的线圈形态。

移圈过程如图3-14所示。

（1）在机头内特殊三角的作用下，移圈针上升，动程大于退圈所必需的动程。线圈从针钩滑到针舌以下的针杆上，然后沿针杆下滑直至被织针上突出的部分挡住，此时线圈被拉伸滑过特殊的移圈翻针片 [图3-14（a）]。

（2）另一针床上的接圈针从针床上稍微上升，高度较低以保留其上的线圈（假如织针上有旧线圈的情况下）。接圈针进入移圈针的移圈翻针片，穿过将被转移的线圈 [图3-14（b）]。

（3）移圈针下降回退，将线圈留在接圈针上。如果线圈转移后，移圈后的空针保持不工作，那么由该针编织的纵行就终止了 [图3-14（c）（d）]。

移圈动作与织针配置如下。

为实现同一针床织针之间的移圈，需要两个移圈动作。首先，将线圈移至对面针床的空针上，然后其中一个针床横移一个针距，线圈移至原移圈针相邻织针上。

当机器处于移圈状态时，织针相对位置不同于普通编织时的织针配置。两针床的织针不再是相间配置，而是相对配置，且每枚针都能够穿入对面针床织针的移圈翻针片。

移圈后空针起针编织改变线圈结构（图3-15）。

移圈后可形成三种组织结构。

（1）图3-16所示为绞花结构，移圈可改变纵行的外观效果。通过移圈，某些纵行上的线圈互换位置，相互交叉，形成绞花花型（图3-17）。

（2）图3-18所示为网眼结构，按一定图案转移某些线圈，纵行上线圈中断，移圈后的空针再起针编织，在织物上形成网眼（图3-19）。

（3）通过移圈还可以改变织物宽度，如图3-20所示。通过移圈，某些纵行上的线圈终止，从而改变织物的宽度。这也是横机成形织物编织的基础和原理（图3-21）。

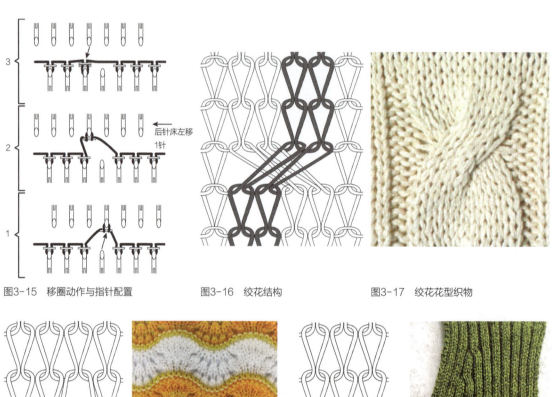

图3-15 移圈动作与指针配置　　　图3-16 绞花结构　　　图3-17 绞花花型织物

后针床左移
1针

图3-18 网眼结构　　图3-19 网眼织物　　图3-20 织物宽度改变　　图3-21 成形织物

五、脱圈原理

如果某一线圈突然脱落，在织物上便会形成梯状的脱散疵点，同时脱落线圈的纱线会转移到相邻的线圈上使织物尺寸变大，这种情况称为脱圈。脱圈结构如图3-22所示。受控的脱圈过程可以用来扩大某些特定选择的线圈，在织物上形成花纹。

脱圈过程如图3-23所示。

（1）织针完成前一个线圈的编织后，新形成的线圈正处于针钩内 [图3-23（a）]。

（2）织针被推到退圈位置，此时导纱器不工作，没有纱线织针 [图3-23（b）、图3-23（c）]。

（3）织针下降脱圈的过程中，织针脱掉旧线圈，这个纵行上的线圈顺利脱散，纱线被转移到相邻的线圈上 [图3-23（d）]。

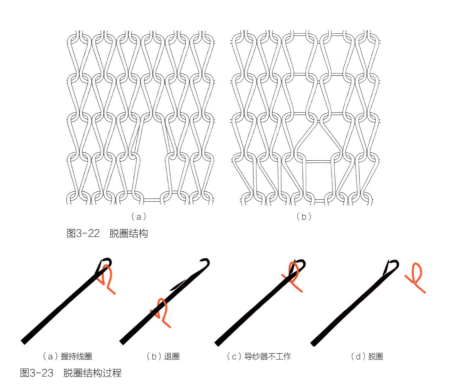

（a）　　　　　　　　　　　（b）

图3-22　脱圈结构

（a）握持线圈　　　　（b）退圈　　　　（c）导纱器不工作　　　　（d）脱圈

图3-23　脱圈结构过程

第三节　针织基本组织结构原理

针织物的组织是指线圈排列、串套与组合的规律和方式，它决定织物的外观和特性。针织物组织种类很多，一般可分为基本组织、变化组织和花色组织三类。基本组织是所有纬编针织物组织的基础，包括纬平针组织、罗纹组织和双反面组织。变化组织由两个或两个以上基本组织复合而成，是在基本组织基础上加以变化而形成的组织，如双面平针组织、双罗纹组织等。花色组织是在基本组织基础上，改变线圈结构，或另编入色纱或纤维束，以形成具有显著花色效应和不同性能的花色针织物的组织，如空气层类组织、集圈类组织、移圈类组织、提花组织、嵌花组织以及由以上组织复合而成的复合组织等。

下面将详细介绍纬平针组织、罗纹组织和双反面组织这三种基本组织结构。

一、纬平针组织

纬平针组织（图3-24）由连续的单元线圈以一个方向依次串套而成。在静力平衡的条件下，线圈每一区段的纱线因弹力的作用，在纱线接触点产生一定的压力，使线圈的几何形态和尺寸稳定。由于正面的每一线圈均具有两根呈纵向配置的圈柱而形成纵条纹，反面的每一线圈均具有与线圈横列同向配置的圈弧而形成横条纹（图3-25），所以正反两面具有不同的外观。由于圈弧比圈柱对光线有较大的漫反射作用，因此织物反面光泽较暗；又由于在成圈过程中新线圈是从旧线圈反面串向正面，当针织物的密度适当时，纱线的结头、杂质就被旧线圈阻塞在反面，因而纬平针组织正面比反面平滑、光洁、明亮。

纬平针组织编织方法：一个针床的所有织针上每个横列连续编织。由于同一针床的所有织针都参加工作，所以纬平针组织的正面与反面线圈均匀一致。图3-26是纬平针组织编织工艺图和模拟织物视图。

纬平针织物的边缘具有显著的卷边现象，这是由于正反面结构不同，所受的应力也不同导致的。卷边性造成织物的纵行边缘线圈向织物的反面卷曲，横列边缘线圈向织物的正面卷曲。纬平针织物的卷边是一种不良现象，生产中经过整理和定型等处理可以消除。缝纫加工中不加罗纹边的纬平针织物大多以双层折边防止卷边的发生，当然也可以在纬平针组织服装的领口或袖口等边缘部位利用卷边特性设计出独特风格的新款式。

在针织物中，纬平针织物的脱散性最大。纱线未断，线圈从整个横列中脱离出来，这种脱散发生在针织物的边缘，沿线圈横列纱线从线圈中逐个而连续地脱散出来。这种情况有时是有利的，可以拆散织物使纱线重复使用，节约原料。有布边的织物由于布边的阻碍，拆散或脱散只能沿逆编织方向进行。无布边的织物顺、逆编织方向均可拆散（图3-27）或脱散。纱线断裂，线圈沿纵行从断裂处脱散开来，这种脱散可以发生在纬平针织物的任何地方。脱散性的大小与线圈长度成正比，与纱线的抗弯刚度及摩擦力大小成反比。织物在编织过程中或之后线圈脱落，会发生连锁反应，同一纵行的线圈将脱散成梯状（图3-28）。

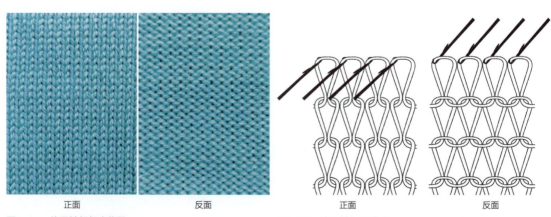

<table>
<tr><td>正面</td><td>反面</td><td>正面</td><td>反面</td></tr>
<tr><td colspan="2">图3-24　纬平针组织实物图</td><td colspan="2">图3-25　纬平针组织结构</td></tr>
</table>

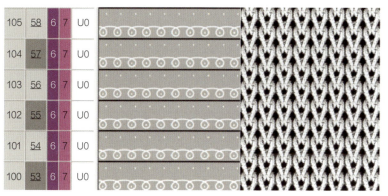

105	58	6	7	U0
104	57	6	7	U0
103	56	6	7	U0
102	55	6	7	U0
101	54	6	7	U0
100	53	6	7	U0

图3-26　纬平针组织编织工艺图和模拟织物视图

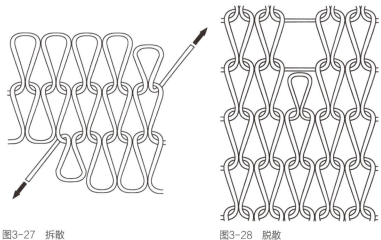

图3-27　拆散   图3-28　脱散

纬平针织物具有横向比纵向更易延伸的特性，而且横向延伸度几乎是纵向延伸度的2倍。双向拉伸时，其线圈的最大面积较原有的面积会有较大增加。纬平针织物线圈易歪斜，它是由纱线捻度不稳定或多路编织造成的。线圈歪斜既影响织物的外观（特别是彩条织物影响更为严重），又给服装的缝合制作和穿着带来不便，要在编织准备阶段、编织过程及后整理阶段设法控制或消除。

二、罗纹组织

罗纹组织为正面线圈纵行和反面线圈纵行以一定的组合相间配置而形成，外观呈现纵条效果。它由两个针床编织，两面均显示正反面线圈。根据正反面线圈纵行数的不同，罗纹的组合可以有各种各样，不同的组合使外观呈多变的纵条效应（图3-29）。

罗纹组织编织方法：前后两个针床织针排列方式不同会形成不同的罗纹结构，图3-30所示为1×1罗纹结构，图3-31所示为2×2罗纹结构，其中绿色为正面线圈纵行，红色为反面线圈纵行。图3-32所示为2×2罗纹组织编织工艺图和模拟织物视图。

罗纹织物具有较大的延伸性和弹性。影响延伸性和弹性的因素有组织

正面   反面

图3-29　罗纹组织实物图

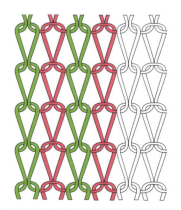

图3-30　1×1罗纹结构

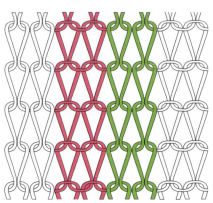

图3-31　2×2罗纹结构

图3-32　2×2罗纹组织编织工艺图和模拟织物视图

  结构、纱线的摩擦力及针织物的密度等。脱机后，织物在宽度方向上收缩。受到拉伸时，织物正面线圈纵行之间可见反面线圈。织物在横向具有一定的弹性。

  织物只能从最后编织的一边拆散，即沿着逆编织方向脱散。1×1罗纹能沿编织方向拆散或脱散；其他如2×2、2×3罗纹等除编织方向拆散或脱散以外，在织物中的同类线圈也能沿纵行顺编织方向脱散。脱散性与织物的密度纱线的摩擦力等有关。

当织物两面结构对称时，没有不平衡的应力，所以不会卷边。因此，正反面线圈数相同的罗纹，不卷边；正反面线圈数不同的罗纹，相同纵行可能产生包卷的现象。

罗纹织物广泛用于需具有较大弹性和延伸性的内外衣产品，如制作弹力衣裤及服装的领口、袖口、裤口、袜口、衣服下摆等。

三、双反面组织

双反面组织由正面线圈横列和反面线圈横列相互交替配制而成。其表面呈现正反面线圈，但由于弯曲纱线弹力的关系导致线圈倾斜，使织物两面都呈现线圈圈弧凸出在外、圈柱凹陷在里，正面线圈几乎隐藏在收缩后的织物中，外观呈现横条效果，因而当织物不受外力作用时，织物正反两面看上去都像纬平针组织的反面，故称双反面组织。与罗纹组织组合多变一样，双反面组织根据组合形式的不同也可以形成风格多样的横向凹凸条纹（图3-33）。

双反面组织编织方法：1×1双反面组织（图3-34）由正反面线圈横列交替编织而成。2×2双反面组织（图3-35）是由织针在每个针床上连续编织两横列而形成的。织针也可以独立控制，单独改变某些织针的位置，编织出具有独特效应的双反面结构（图3-36），图3-37为织针独立控制的双反面织物。其中绿色为正面线圈纵行，红色为反面线圈纵行。

图3-38所示为1×1双反面组织编织工艺图和模拟织物视图。

双反面组织由于线圈的倾斜，在纵向上缩短，厚度及纵向密度增加，拉伸有很大的弹性和延伸度，在横向上也具有一定（小于直向）的弹性，纵横向延伸度相近，是少有的具有双向弹性的针织物。

卷边性随正面线圈横列和反面线圈横列组合不同而不同。如1×1、2×2的组合，因卷边力互相抵消而不卷边，但2×2双反面织物由线圈横列所形成的凹陷条纹更为突出。

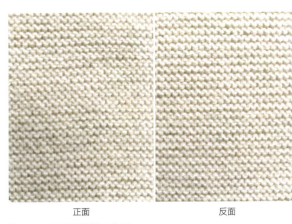

正面　　　　　　反面

图3-33　双反面组织实物图

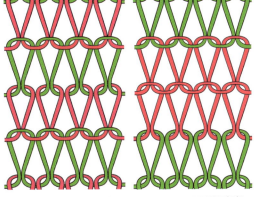

图3-34　1×1双反面组织　　图3-35　2×2双反面组织

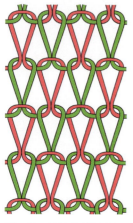

图3-36　织针独立控制的双反面组织　　图3-37　织针独立控制的双反面织物

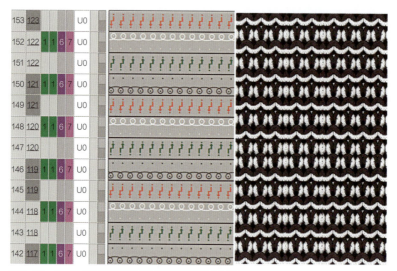

图3-38　1×1双反面组织编织工艺图和模拟织物视图

　　双反面织物的脱散性与纬平针织物相同。如果织物横列由一种线圈类型组成，则拆散和脱散性能与单面平针织物相似。

　　双反面织物主要用于婴儿衣物及手套、袜子、羊毛衫等成形类服装的编织。

四、三种基本组织结构的区别

　　（1）纬平针组织：每一面都是同一种线圈类型，横列和纵行的所有线圈都是正面线圈或反面线圈（图3-39）。

　　（2）罗纹组织：每一面的纵行根据前后针床织针的排列方式不同而不同，任何一个纵行上所有线圈一致（图3-40）。

　　（3）双反面组织：每一面任何一横列或纵行的线圈既可以是正面线圈，也可以是反面线圈（图3-41）。

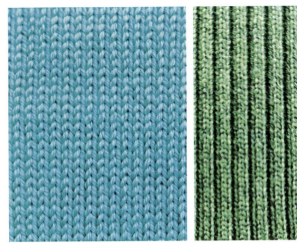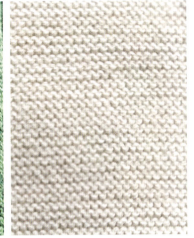

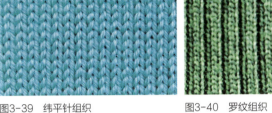

图3-39 纬平针组织　　　　　图3-40 罗纹组织　　　　　图3-41 双反面组织

　　横机织物都是由平针、罗纹、双反面三种结构之一和成圈、集圈、浮线三种线圈形态结合而构成的。

本章总结

　　本章学习的重点是理解针织的编织方法，了解针织编织设备及编织原理，掌握针织基本线圈结构形成原理（成圈、集圈、浮线、移圈和脱圈）。熟练掌握针织三种基本组织结构原理（纬平针组织、罗纹组织和双反面组织），以及这三种基本针织结构的主要区别，为后续学习针织服装面料的设计做好准备。

课后作业

　　（1）纬编针织机包含哪几类？
　　（2）会识别什么是成圈、集圈、浮线、移圈和脱圈。
　　（3）能运用电脑横机软件，画出纬平针组织、罗纹组织和双反面组织。

思考拓展

　　收集纬平针组织、罗纹组织和双反面组织在针织服装中应用的相关素材，拓展创意思维，尝试将这三种组织灵活应用、合理组合，设计创意织片。

课程资源链接

课件

第四章　针织服装面料设计阶段划分

第一节　初步设计

一、主题版——灵感来源

根据设计主题寻找灵感图片，灵感图片必须反映主题的中心思想，可以抽象也可以具象。针织服装面料设计的"灵感来源"步骤是整个设计过程的起点，它对后续的设计方向和设计风格有着重要的决定性作用（图4-1）。

（一）灵感调研

进行灵感调研的收集渠道包括但不限于以下几种。

1. 研究流行趋势

了解当前的时尚流行趋势是获取设计灵感的重要途径。可以通过相关趋势网站（图4-2）、时尚杂志、行业展会（Pitti Filati、Spinexpo等）（图4-3）、时装周、社交媒体、时尚博客等渠道来研究流行的颜色、图案、材料和款式等。

2025春夏上海SPINEXPO纱线展　2024/25秋冬女装流行分析：关键辅料&细节　2025春夏Première Vision展会：梭织/针织/皮革/配饰

图4-1　面料设计"灵感来源"　　图4-2　流行趋势网站（WGSN）

图4-3 中国上海纱线针织品展览会（Spinexpo Shanghai）

（a） （b） （c） （d）

图4-4 "清虫"主题针织面料设计灵感版

（a）自然界的昆虫、微生物，项目的设计灵感来源；（b）在此基础上进行图案的抽象；（c）线条的重塑描绘；（d）结合针织结构特性和相关意向，由此形成一个完整的设计灵感版

2. 观察自然与人文环境

人类生活的自然环境和人文环境也是巨大的灵感宝库。观察自然环境，可以从自然景观、动植物形态、季节变化等方面获取灵感；人文环境的内涵更是丰富多彩，包括物质的和精神的，包括自然属性的和社会属性的等，都可以为设计带来灵感。

3. 艺术作品的启发

参观展览，可以从艺术作品如绘画、雕塑、建筑、音乐中去寻找灵感来源。艺术作品的色彩、形态、风格和情感等都可以激发设计灵感（图4-4）。

4. 技术和创新

探索新技术和新材料也能带来灵感。例如，可持续材料、智能纺织品、3D打印等新兴技术都可以为设计带来新的可能性。

在收集灵感时，保持开放和好奇的心态是非常重要的。灵感可能来自于任何地方，重要的是要有观察和发现美的眼睛。由于灵感来源的渠道经种多样，设计必须学会缩小关注的范围，根据设计对象要求、设计类别、市场和价格定位等，提炼出有助于服装面料设计开发的关键元素。

（二）设计灵感版

1. 设计日志

许多设计师使用设计日志，记录每天遇到的所有对他们有影响的或能带来灵感的事物。这些日志通常是设计师的研发工具，帮助他们进行创作。当设计师们开始研究某一季的设计思想和流行趋势时，这个工具可以帮助他们专注于这一季系列的主题和概念。

2. 灵感版

初步设计环节的最后一步是完成设计灵感版，设计师在前期调研和设计理念的基础上，整理面料设计中的各个环节，包括纱线、针织组织结构、色彩和图案等；在对所有信息进行彻底调研和收集后，设计师会创建一个灵感版。灵感版作为一种展示工具，通过使用调研开发过程中收集到的概念图片来传达设计主题。

二、色彩版——搭配方案

色彩版是主题版下的色调和重点色集合。通过各类软件从灵感图片中提取颜色，并查找出这些颜色的色号（图4-5）。由此可以分析出核心色相与核心色域，得出主题色板。由主题色板延伸搭配出多组色彩搭配：可以按由浅至深的顺序排列色块，也可以根据颜色占比面积不同来制定主色和辅助色。结合流行色趋势搭配出潮流色，注意趋势要标明具体年份和季节。

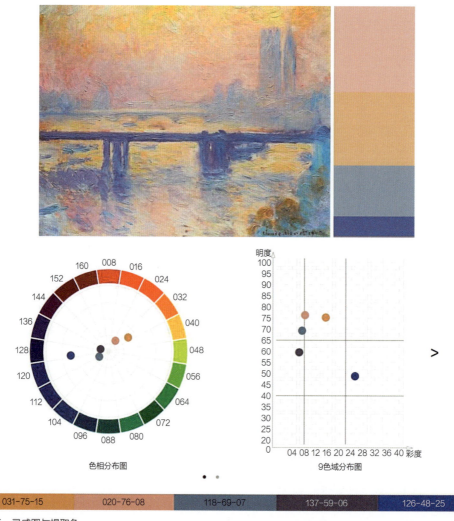

图4-5　灵感图与提取色

040-89-15	122-80-11	028-77-13	031-63-34	151-71-06
136-75-10	136-81-08	136-81-12		147-70-20
118-69-07	045-89-11	127-48-17		135-62-08

图4-6 "光的诗人"配色案例

注：本书使用COLORO中国应用色彩体系（后文简称COLORO）作为色彩工具，使用此体系的色号来做配色方案设计。

此案例主题为"光的诗人"，以莫奈的油画为灵感图。根据主题版的关键词——温暖治愈、浪漫平静、家居舒适，可以做出多组配色方案（图4-6）。

三、色彩基础搭配方法

色彩的搭配组织需要多种因素的相互作用，这样才能达到合理的视觉效果，组成和谐的色彩节奏。色彩搭配是多种因素组成和相互作用协调的过程，运用并遵循一定的规律组合方法来完成配色方案。

（一）以色相为主的配色

以色相为主的色彩搭配是以色相环（图4-7）上角度差为依据的色彩组合，体现出的视觉效果或和谐，或刺激。其大致可以分为以下几大类。

1. 同一色相配色

同一色相配色指在色相环上约呈0°范围的色彩搭配，在COLORO色相环上的色相数值差为0，如图4-8和图4-9所示。

2. 邻近色相配色

邻近色相配色指在色相环上约呈1°~18°范围内的色彩搭配，在COLORO色环上的色相数值差为1~8，如图4-10所示。图4-11是邻近色相配色的面料设计案例。

3. 类似色相配色

类似色相配色指在色相环上约呈18°~54°范围内的色彩搭配，在COLORO色环上的色相数值差为9~24，如图4-12所示。图4-13是类似色相配色的面料设计案例。

图4-7 色相环

068-31-17
068-61-30
068-69-11

图4-8 同一色相配色案例（一）

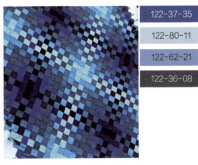

122-37-35
122-80-11
122-62-21
122-36-08

图4-9 同一色相配色案例（二）

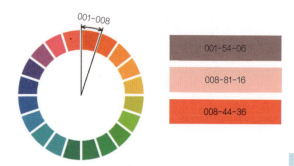

图4-10　COLORO色环临近色相配色范围案例

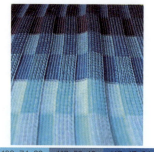

| 108-86-10 | 108-74-22 | 117-53-19 | 117-47-34 | 117-28-27 |

图4-11　邻近色相配色案例

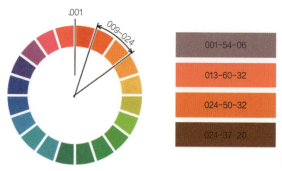

图4-12　COLORO色环类似色相配色范围案例

| 128-30-33 | 128-74-16 | 152-32-28 |

图4-13　类似色相配色案例

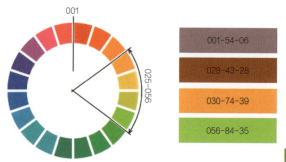

图4-14　COLORO色环中差色相配色范围案例

| 053-61-26 | 078-64-11 | 079-33-19 | 107-31-15 | 107-24-05 |

图4-15　中差色相配色案例

4. 中差色相配色

中差色相配色指在色相环上约呈54°~126°范围内的色彩搭配，在COLORO色环上的色相数值差为25~56，如图4-14所示。图4-15是中差色相配色的面料设计案例。

5. 对照色相配色

对照色相搭配是指在色相环上约呈126°~179°范围的色彩搭配，在COLORO色环上的色相数值差为57~79，如图4-16所示。图4-17是对照色相配色的面料设计案例。

6. 补色色相配色

补色色相配色指在色相环上约呈180°范围的色彩搭配，在COLORO色环上的色相数值差为80，如图4-18所示。图4-19是补色相配色的面料设计案例。

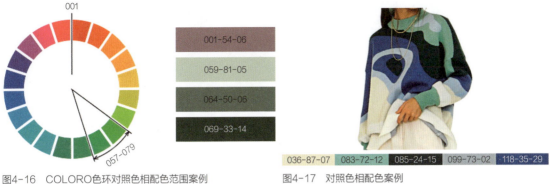

图4-16　COLORO色环对照色相配色范围案例

图4-17　对照色相配色案例

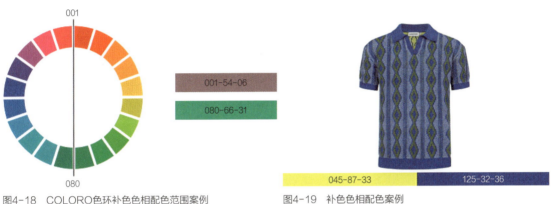

图4-18　COLORO色环补色色相配色范围案例

图4-19　补色色相配色案例

图4-20　不同明度配色案例

（二）以明度为主的配色

　　明度可以分为高明度、中明度和低明度。它们可形成六组搭配方式：高明度+高明度、高明度+中明度、高明度+低明度、中明度+中明度、中明度+低明度、低明度+低明度。由于这不受年龄和性别的局限，所以在服装设计中运用非常广泛（图4-20）。无彩色的黑白灰搭配组合是应用率最高的配色方法。即使是单一的无彩色搭配，也可以利用不同的材质肌理获取丰富的变化。

|（a）高纯度+高纯度|（b）高纯度+低纯度|（c）中纯度+低纯度|（d）低纯度+低纯度|

图4-21 不同纯度配色案例

（三）以纯度为主的配色

纯度可以分为高纯度、中纯度和低纯度。它们可形成六组搭配方式：高纯度+高纯度、高纯度+中纯度、高纯度+低纯度、中纯度+中纯度、中纯度+低纯度、低纯度+低纯度。图4-21是不同纯度配色的服装面料设计案例展示。

针织服装配色还可以采用冷暖法、进退法、轻重法、衬托法、点缀法和呼应法等。针织服装配色时需明确色彩和色调，还需要考虑色彩的应用范围和面积比例。例如，在主色调中加入大面积的邻近色或灰度不同的同系色彩，会产生和谐、柔美的视觉效果；在主色调中加入小面积的互补色或高明度的色彩，会产生视觉的张力与冲击力。此外，针织服装面料的质感发生变化，色彩也会随之产生复杂的情感倾向；对于材质感特别明显的针织面料，光色与空间对服装色彩的影响也比较强烈。

第二节　设计呈现

一、纱线组合方案

（一）纱线成分分析

在针织面料设计中，纱线材质选择是一个关键步骤，需要考虑以下几个方面。

1. 设计效果和功能性

根据面料所需要的设计效果选择合适的材质。例如，面料的毛感应根据季节而定，要根据服装类别所需要的面料弹性和吸湿排汗性，追求的手感舒适性和服用安全性，面料的功能性需求如防水、防风、防穿刺、防紫外线、抗菌等，来选择合适的材质。

2. 舒适性和手感

考虑纱线对皮肤的触感。对于贴身穿着的服装，要选择透气性好、吸湿排湿性强的材料，如羊绒、棉等成分和混纺纱线。对于外穿服装和时装，根据硬挺需求、版型效果、透明度等进行纱线的选择。对于经常清洗的服装，需要注意其材料的水洗色牢度、抗起毛起球特性和日常护理难度等。

3. 环保和可持续性

选择环保材料，如有机棉、再生纤维等，以减少对环境的影响。设计时需考虑材料的来源和生产过程是否符合可持续发展原则。

4. 成本和可获得性

应考虑纱线的成本，针织服装的成本根据其成品克重，与纱线价格直接相关。在选购纱线时，应进行成本测算，确保设计的经济可行性。同时，应确保所选材料在市场上容易获得，以便于后续生产顺利和供应链管理顺畅。

通过综合考虑这些因素，设计师可以选择最适合其设计目标和功能需求的材质。

（二）纱线组合分析

在针织面料设计中，纱线组合设计是一个关键环节，需要同时考虑纱线特性和对应面料的组织结构特性。

1. 纱线特性和面料肌理特性

粗细不同、缩率不同、弹力不同、透明度不同的纱线混合使用时，可能导致不同于平面的立体凹凸肌理效果，如图4-22~图4-24所示。

2. 纱线特性和图案效果

纱线的颜色和材质等特性与图案有关联，合理运用毛感纱线、弹力纱线、透明纱线等，相互组合，不同的光泽度和纹理可以创造出独特的视觉效果，如图4-25所示。

图4-22　不同粗细的纱线组合

图4-23　不同弹力的纱线组合

图4-24　不同透明度的纱线组合

图4-25 不同材质的纱线组合   图4-26 粗针细线组合案例

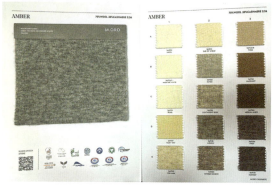

图4-27 康赛妮集团的Topline花式纱色卡   图4-28 M. ORO品牌的羊绒羊毛纱线色卡

3. 编织技术的适应性

选择与纱线匹配的横机针型，一般采用经验公式（式4-1）来计算：

$$Nm=G^2/（7\sim11）\qquad（式4-1）$$

其中，Nm为纱线公制支数，G为机器针型。

例如，14G电脑横机通常可用纱线的粗细范围可以通过式4-1计算得到$14^2/7<Nm<14^2/11$，即28~18Nm之间的纱线。此处的14G为14针标准针距和14针标准针钩，若使用可变针距或大针钩的机型，纱线使用范围在此基础上可上下浮动。

除纱线粗细与针型匹配的组合方法外，还有粗针细线的组合方法，如图4-26所示。

（三）纱线选定及采购

纱线供应商的纱线一般都有色卡以供客户选择，如图4-27和图4-28所示。对于不同类型、不同成分的各种纱线，通过实物色卡或电子色卡选择合适的纱线及颜色是现在常用的采购方法。

二、花型图案设计方案

不同于梭织服装设计很大程度上受限于已有面料的花型图案，针织服装可以从纱线设计开始，结合色彩设计、肌理创造和面料组织结构设计等，能够设计出丰富多彩的花型和图案，如费尔岛、北欧针织图案、菱形、绞花、阿兰花等。针织花型的图案设计手法有简化、夸张、提炼、添加、强调、组合、分解、重构、变异等，其主要有图案大小、图案形状、图案位置、图案数量和图案组合等要点。

（一）针织服装图案分类

图案按照形态可以分为具象图案和抽象图案。

具象图案是对已有具体形象的变形和概括表现，其可识别度高，如植物、动物、人、自然风景和建筑物等（图4-29）。

抽象图案往往为几何形状运用平面构成等方法形成，如波普图案、字体图案等，各种几何图形包括条纹、菱形格和文字图案等是最经典的，也是针织服装最常见的图案（图4-30）。

图案按照构图形式可以分为单独纹样、连续纹样和群合纹样。

单独纹样多用于点缀和填充领口等边角部位，其中适合纹样多用于前胸和后背等明显的部位（图4-31）。

连续纹样分二方连续纹样和四方连续纹样，二方连续图案是线性图案，适合服装的领边、袖口和下摆等边缘部位，也常用于衣身等大片部位的线性图案设计（图4-32）；四方连续纹样则多用在满地图案中（图4-33）。

图4-29 针织服装具象图案案例

图4-30 针织服装抽象图案案例

图4-31 单独纹样案例

图4-32 二方连续图案案例"费尔岛图案"

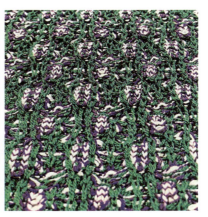

图4-33 四方连续碎花图案

（二）针织服装图案设计和表现形式

针织服装图案设计中，图案大小与图案的密集程度相关联，不同的大小形式带来不同的视觉感受，大图案视觉冲击力强，小而密集的图案感觉清新。图案与面料组织结构、所选择的纱线要相适应，过于丰富的组织结构肌理和纱线会影响花型图案的表达。越复杂的图案越倾向于选择简单的组织结构，越复杂的组织结构越倾向于选择简单的纱线。

针织服装图案设计呈现的重要环节是工艺表现，其效果会直接影响针织服装风格和时尚感。工艺表现是指通过实际操作，在针织服装上将图案表现出来的方式。它与纱线材料、面料组织结构相结合，具有很强的表现技巧性，形式极其丰富。服装图案可采用多种工艺实现，包括印花、扎染、蜡染、刺绣、手绘、拼贴、镂空、立体工艺等，其中针织特有的图案实现方式有提花和钩花。

1. 提花和嵌花效果

提花和嵌花组织是表现针织图案的主要组织。

提花和嵌花图案设计相对比较自由，各种横、竖、曲线条组成的形态基本都能实现，其应用多样。图案的内容非常广泛，如北欧图案、费尔岛图案、具有异域情调的佩兹利纹、野性而时尚的动物纹和人脸图案等。浮线提花图案以小图案为主，以达到减少背面浮线的长度（图4-34）。

2. 立体浅浮雕效果

通过变换组织结构，可以形成方格、竖条、绞花、树叶、贝壳等具有立体浅浮雕感的花纹图案，如罗纹的凹凸竖条效应、集圈的蜂巢肌理等，变化多样。

产业化生产中，这种类型的针织图案一般选择平针结构，大面积的平针结构能够将组织结构肌理对图案和色彩的干扰降到最小，在花色上追求更多设计美感（图4-35）。

3. 钩花蕾丝效果

通过选取一定的针织组织结构，变换各种色纱，可变化出凹凸、疏密、镂空等极为丰富的肌理图案，达到比较精致、规律的钩花蕾丝外观效果（图4-36）。

4. 印花效果

印花也是针织服装图案常见的实现方式，采用印花工艺可以突破针织提花和嵌花的颜色限制，有利于表现精细的图案效果，但不同纱线成分的色牢度和表现效果不同，需要多做尝试。

图4-34　提花和嵌花针织服装

图4-35　立体浅浮雕效果针织面料

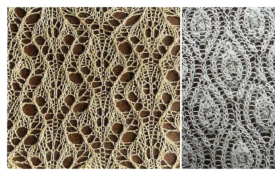

图4-36　钩花蕾丝效果针织面料　　　　　　　图4-37　数码印花效果针织面料

图4-38　刺绣效果针织面料　　　　　　　　图4-39　烫钻效果针织面料　　图4-40　拼贴效果针织
　　　　　　　　　　　　　　　　　　　　　　　　　　　　　　　　　　　　　　　面料

相比传统的针织提花，数码印花方法表现力更强，色彩丰富、细致、层次多变，图像精度很高（图4-37）。

5. 刺绣效果

刺绣历史悠久，表现力强，应用广泛，种类也多种多样，各有特点。需要根据针织服装的特点，选择合适的刺绣材料、方法等，达到所需要的刺绣表现效果（图4-38）。针织面料弹性较大，有线圈洞孔，在手绣时有针织特有的毛线绣方法，具有很强的艺术表现力。并且根据织物原本使用的不同针型，可以选用不同粗细的绣花线，达到与之匹配的绣花效果。针织面料在机绣过程中难度较大，在绣花之前，一般需要先在所绣织物部位的背面熨烫上绣花衬，以稳定加固针迹，使刺绣更加顺滑，减少收缩、拉伸导致的脱线或花样变形，在刺绣结束后再将背衬除去。

6. 烫钻效果

烫钻装饰是将烫钻拼成的特定图案用烫机烫压在针织服装选定部位（图4-39）。

7. 拼贴效果

拼贴效果是将不同色彩和肌理的一定面积材料剪成图案后，通过缝缀和黏合等方法，使之附着在针织服装上的方法。局部图案可以通过贴片的色彩、质感肌理感等来增强其装饰感（图4-40）。

8. 立体装饰效果

图案以立体的形式装饰在针织服装表面，如利用面料制作的蝴蝶结和立体花、利用绳带环绕形成的盘扣和盘花等。此外，针织面料的肌理再造也能获得抽褶、褶裥等具有质感的图案效果（图4-41）。

针织服装图案设计和表现形式涉及多种针织花型技术工艺，详细内容可参考本书第二部分和第三部分的内容。

三、编程织造

在针织面料设计中，编程织造是一个关键的过程，它涉及使用计算机专业设计软件和电脑横机，以此来精确地制造复杂的图案和纹理。这种技术使设计师能够创造出高度定制化和创新性的针织面料。编程织造通常包含以下几个主要内容。

图4-41　立体装饰效果针织面料

（一）编织设备和机型选择
步骤1：选择设备厂家及机型。
步骤2：选择匹配的针型。

（二）编写织物程序
步骤1：使用针织编程软件绘制花型。
步骤2：绘制模块/CA。
步骤3：设置安全行。
步骤4：设置牵拉系统。
步骤5：设置纱线区域。
步骤6：扩展整个花型与开始处理。

（三）参数设置
步骤1：设置线圈长度。
步骤2：设置牵拉参数。
步骤3：设置机速。
步骤4：生成MC程序。

（四）上机织片
编程织造部分的详细内容可以参考本教材第二部分章节。

第三节　试样验证与织片拓展

一、织物分析

织物分析是针织面料设计试样的验证环节。判断一块针织样片是否达到原定设计效果，主要从纱线风格呈现、图案色彩呈现、组织肌理表达等方面，判定整体的织片效果是否与设计企划相一致，达到设计要求（图4-42）。

图4-42 织物效果 图4-43 织片拓展展示

二、织片拓展

织片拓展环节是对面料试样举一反三的过程（图4-43）。

本章总结

本章深入探讨了针织服装面料设计的三个主要阶段：初步设计、设计呈现、面料试样验证与织片拓展。每个阶段都注重创意与技术的平衡，从灵感来源到色彩方案的选择，再到图案设计和针织技术的创新应用，并最终通过面料试样验证与织片拓展环节，校验所完成的针织面料是否达到最初设计的效果，强调了在设计过程中对各步骤的深入理解和创新的重要性。

课后作业

（1）针织面料设计的设计阶段分别对应的主要工作内容包括哪些？

（2）运用三个阶段的分步方法完成若干个针织面料的"初步设计"环节，并对若干个针织面料进行"验证与拓展"。

（3）在后续学习中结合第六章内容，运用所学知识进行"设计呈现"的实践应用，加深对设计过程的理解。

思考拓展

思考"设计主题"对于针织服装面料设计的引导作用，理解现代针织服装面料设计的重要性和复杂性。思考如何将传统技术与现代创意相结合，创造出既有商品价值又具有创意价值的针织面料。

课程资源链接

课件

第二部分

针织服装面料
设计实践

第五章　针织手摇横机面料设计实践

　　通过前几章的学习，我们了解到横机无论在面料组织结构的变化、编织品种的多样性、创意设计的实现度、可编织产品的成形度，还是在学习实践的难易度方面，都有着独特的优势。因此，本章将循序渐进地通过手摇横机和电脑横机的项目实践来阐述针织服装面料的设计与创新。

　　手摇横机（图5-1）通过手动操作，速度可控，所以能够更加形象、仔细地帮助初学者理解成圈原理和分析织针动作，适合作为学习电脑横机的先导课程，也非常有利于灵感创作的试样、面料小样的开发和创意针织的完成。相较于电脑横机来说，手摇横机体积更小、价格便宜、操控便捷，特别适合设计师展开针织织物的设计开发（本章选用SK280机型进行展示与操作）。

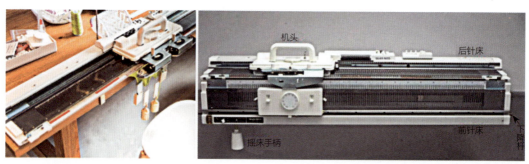

图5-1　手摇横机

第一节　单面组织（手摇横机后针床）的设计实践

　　手摇横机的机床结构分为前后两个针床，靠近编织操作者的为前针床，较远的那个为后针床。通过调节前针床左右两边的下降杆，使前针床下压，从而可以单独使用后针床，完成单面组织织片。

一、任务引入

　　调节前针床左右两边的下降杆使前针床下压，单独使用后针床完成单面组织花型织片，包括纬平针、集圈、移圈、浮线等的设计实践。

知识目标

（1）了解后针床纬平针、集圈、移圈、浮线的编织原理。

（2）熟悉手摇横机的花卡使用。

（3）了解不同粗细类型的纱线在不同针型的手摇横机上的适用情况。

能力目标

（1）掌握后针床起针、纬平针、集圈、移圈、浮线的织针动作。

（2）掌握手摇横机的花卡使用方法。

（3）具有独立操作后针床制作单面组织的复合设计实践能力。

二、任务要素

（一）基础编织

1. 起针

使用手摇横机后针床起针有多种方式，包括绕线起针、浮雕起针和钩针起针。

第一次使用的初学者适合绕线起针（图5-2）。保证无论何种纱线，机头刷过每一针都能编织上。图5-3是绕线起针的底边效果。

当熟悉机器与机针编织动作后，可以使用浮雕起针。注意单数针处于编织位，偶数针处于挂针位。设置机头浮雕杆下压，机头织过。因浮雕杆的毛刷下压，使单数针第二行编织成圈（图5-4）。偶数针第一行完成集圈，所以底边会有间隔的小段浮线（图5-5）。

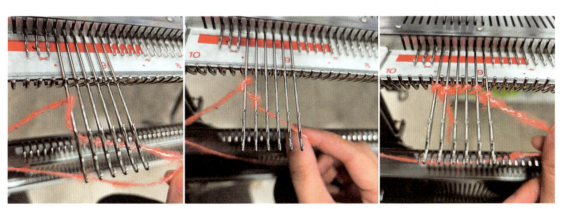

图5-2　绕线起针动作

图5-3　绕线起针的底边效果

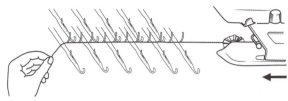

图5-4　浮雕起针

图5-5　浮雕起针的底边效果

图5-6　钩针起针行和底边效果

对织片的底边有美感要求时，可以使用钩针起针。按照织针成圈动作，横织形成"辫子"底边（图5-6）。

2. 纬平针

单独使用手摇横机的后针床，进行连续的单元线圈编织，相互串套而成单面纬平针组织（图5-7）。操作时，下压前针床可以更好地观察编织效果和方便各种自由操作。要注意不同粗细的纱线需要设置相对应的不同密度。

3. 集圈

集圈组织是指在织针上除了原有的封闭旧线圈外，还套有一个或多个未封闭悬弧的组织（图5-8）。

图5-8　在针床上的集圈织物

图5-7　不同花式纱线的纬平针组织

（1）两色集圈。两色集圈运用拉长的集圈线圈覆盖正面悬弧、仅显露反面悬弧的原理，使用换线（不同颜色的A、B纱线）来合理配置集圈悬弧和成圈线圈而形成组织。其织制出的织物正面可以得到两色图案（图5-9）。

（2）凹凸效果集圈。集圈也可以形成凹凸的肌理效果，通过对凹凸肌理的区域设计控制，可衍变出不同的肌理图案设计。若需要加强凹凸感，可使用弹性纱线来增大线圈密度（图5-10）。

图5-9　两色集圈组织

图5-10　凹凸效果集圈组织

4. 移圈

移圈是指在织片内有选择性地将部分线圈转移至相邻线圈上。

（1）移圈减针。在织片的最左右两侧的针位，向织片内侧移一个针位的线圈，则形成减针（亦称为明收针）。需要注意的是，每次只能减去一个针位，但可以移动多个线圈（亦称为暗收针）（图5-11）。

（2）移圈挑孔。在织片内部，有选择性地将部分线圈转移至相邻线圈上，造成该针位出现一个空位（图5-12），如果不进行补针则形成孔眼（亦称为空花组织）。空花组织的设计可以形成图案。

在织物设计时，对线圈移位的个数、方向、位置等要素做不同的移圈挑孔编织设计，可得到不同形状效果的镂空图案（图5-13）。

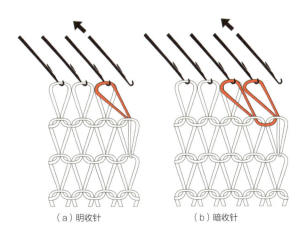

图5-11　移圈减针线圈结构

移圈后，针退出编织工作区至针床A位，红色线圈为被移位的线圈

（a）明收针　　　　（b）暗收针

选择适合的纱线进行移圈，可以呈现蕾丝面料的效果（图5-14）。

（3）移圈浮线。在织片内部，有选择性地将线圈转移至相邻线圈上，该针退出工作位置后不再参与编织，从而该处形成浮线，通过设计浮线的长度和位置可以形成花型效果（图5-15）。

（4）移圈绞花。绞花是将相邻的两针或多针线圈相互移圈交换位置，使线圈的圈柱彼此交叉，形成具有扭曲图案的花型组织（图5-16、图5-17）。由于移圈的位置较长，需要略长线圈配合，否则容易因线圈太小、张力太大而导致脱圈或纱线断裂。因此，可以在绞花动作前一行将对面针床的织针推入编织位，使之参加钩纱后再脱圈，从而把这段纱线转移给需要绞花的线圈。

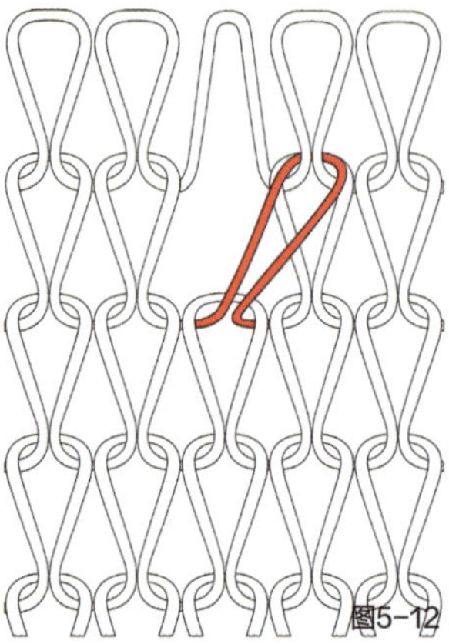

图5-12　移圈挑孔线圈结构

图5-13　移圈镂空图案——雪山

图5-14　移圈花型图案赏析

图5-15　移圈浮线组织

每行横列进行移圈时，每处最多左右两侧各移圈一针，使浮线逐渐变长。如果浮线较长、编织针数较少，需注意编织针下的牵拉力量，避免脱圈或漏针

图5-16　每次相同顺序绞花的织物效果

图5-17　每次交换左右顺序绞花的织物效果

注意由于绞花图案左右邻侧需要使用反针或浮线来凸显效果，所以它通常被用于双面针床。如果手摇横机只配备后针床，也可以通过对绞花两侧的正针脱圈后用钩针手动编织反针来凸显绞花效果

图5-12

图5-13

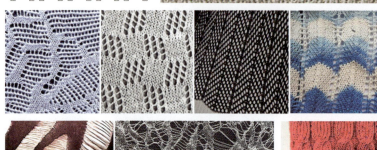

图5-14

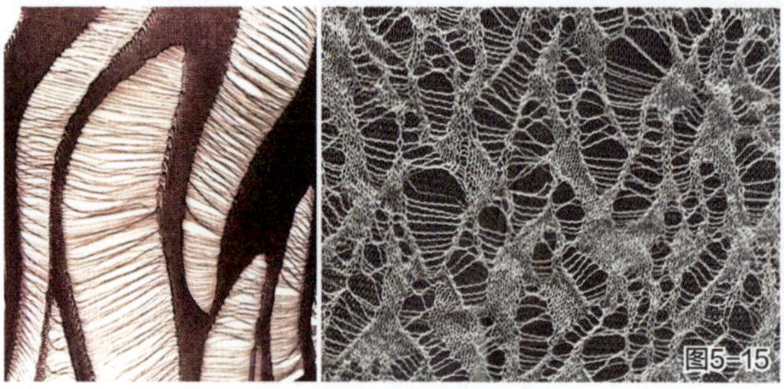

图5-15

图5-16

图5-17

（二）花卡编织

1. 浮线提花

使用手摇横机后针床编织，可以完成单面浮线提花，正面由两股纱线组合编织完成图案效果，反面则是浮线（图5-18）。

2. 集圈

通过花卡可以完成单面集圈组织而形成图案（图5-19）。

3. 架空

花卡上孔洞处是平针编织位，没有孔洞处是浮线编织位（图5-20）。断断续续的浮线也可以组成图案肌理（图5-21），注意浮线密度需要比平针编织高一个数值。

4. 假空花

选用粗线（放置在机头1号纱嘴）和同色特细纱线（放置在机头2号纱嘴）组合，使用花卡编织可以产生挑孔假象图案，实际上并没有通过移圈形成孔洞完成镂空效果（图5-22、图5-23）。

5. 浮雕

浮雕效果是通过反面的平针之间穿梭浮线而形成的图案花型（图5-24）。

6. 添纱

对于单面添纱，正面（正针）平针为主纱显现，反面（反针）为添纱显现。也可以通过花卡来完成单面的两色图案（图5-25）。

图5-18　花卡及对应的单面浮线提花组织织片

色彩图案可通过手摇横机的花卡（打孔和没有打孔）来完成两色提花图案的设计。编织过程中，需要注意的是花卡上没有孔洞的图案区域是由机头1号纱嘴中的线完成，有孔洞的图案区域则是由机头2号纱嘴中的线编织完成。由于花卡每行只有24个格子，所以最大连续循环图案的宽度只能占有24针位；但花卡在高度列数上没有限制，可以通过花卡扣衔接加长花卡。如果要完成独立提花图案，需要在后针床上安置凸轮。通过安放对应针位处两侧凸轮，来控制独立图案的位置。注意机头两端延伸片上也要装上魔术凸轮

图5-19　集圈花卡和对应图案织片

花卡上的孔洞是编织位，没有孔洞处是集圈位置。注意集圈不能连续，否则会合成为浮线，所以孔洞（编织位）是可以连续的，而没有孔洞（集圈位）至少需要一隔一设置

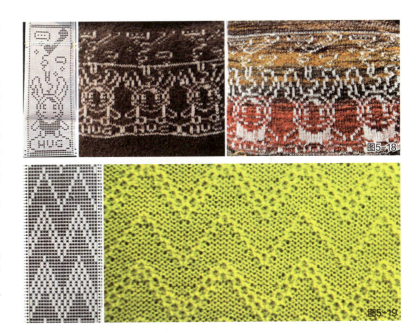

图5-20　架空编织行

图5-21　架空织片和对应图案花卡

图5-22

图5-23

图5-24

图5-25

三、任务实施

（1）课堂训练任务：完成尺寸为20cm×25cm的织片，织片需要含有集圈、移圈组织。

（2）课后创意设计任务：运用所学的单面组织，利用花式纱线的特性，完成有设计主题的创意织片。

第二节　双面组织（手摇横机前后针床）的设计实践

通过调节手摇横机的前针床左右两边下降杆，使前针床抬起，前后两针床共同编织可以完成双面组织的织片。注意只有需要完成毛圈组织的时候，才需要按下毛圈编织杆（在下降杆上面）（图5-26）。

图5-22　假空花编织行

花卡孔洞处是由特细纱线平针编织而粗线浮线编织，因为特细且颜色相同，便形成镂空假象

图5-23　假空花织片和对应花卡

花卡上没有孔洞区域是细线和粗线同时成圈编织

图5-24　浮雕织片和对应花卡

设计浮线的位置和使用不同的花式纱线，可以设计出各种风格效果。花卡的孔洞处是浮线的针位，没孔洞处是机头1号纱嘴中的线在浮线下编织

图5-25　添纱织物和编织状态

以集圈花卡为例，下半部分是黄绿色为主纱，黑色为添纱；上半部分是黑色为主纱，黄绿色为添纱。如果主纱和添纱的粗细不一致，会导致遮盖力度不强而出现斑驳图案现象。需要注意由于两股纱线（主纱和添纱）一起处于机头编织，因此密度盘上的刻度就是两股纱线密度的总和

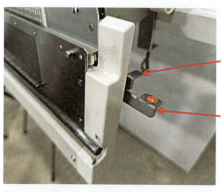

毛圈编织杆

下降杆

图5-26　横机前针床操作杆

一、任务引入

使用前后针床完成双面组织花型的罗纹、畦编组织、摇床扳花、圆筒空转、满针四平的织片。

知识目标

（1）了解前后针床关于罗纹、畦编组织、摇床扳花、圆筒空转、满针四平的编织原理；

（2）熟悉手摇横机的花卡使用；

（3）了解不同粗细类型的纱线在不同针型的手摇横机上的适用情况。

能力目标

（1）掌握前后针床关于罗纹、畦编组织、摇床扳花、圆筒空转、满针四平的织针动作。

（2）掌握手摇横机的花卡使用方法。

（3）具有独立操作前后针床制作双面组织的复合设计实践能力。

二、任务要素

初次使用前后针床起针适合先学习1×1罗纹起针；当理解了前后针床不同出针位置（针对针P位和针对齿H位，图5-27）。不同编织效果后，再学习1×2或2×2罗纹起针。在熟悉机器和织针动作后，也可H位满针起针。

1. 罗纹正反针

根据正反面线圈在纵行的不同配置，形成不同前后针数的罗纹组织。通过翻针来调整需要的前后针床的出针线圈（图5-28）。需要特别注意的是当前后针床处于针对针位置时，相对应的针位只能出一面的针，否则两面同时出针会撞针而造成设备损坏。

当把前后针床机头连接器上的导纱梭嘴换成添纱导纱梭嘴时，起针时需要同时将主纱和添纱都放在梭嘴A处一起编织，当前后针床排针完毕后，再把添纱放置到梭嘴B处。主纱编织在织物正针面，添纱编织在织物反针面（图5-29）。

图5-27　针距杆

图5-28　1×1罗纹和2×1罗纹织片效果

图5-29　阿兰花花型图案配合添纱效果织片
配合绞花、阿兰花、摇床等花型组合会使花型图案更好地展现。注意如果梭嘴处穿线困难，可以先降下前针床，穿完线后再抬起前针床

图5-27

图5-28

图5-29

2. 畦编组织

畦编组织就是在双面织片上进行集圈编织，又称元宝针，常见的有半畦编组织（单元宝）和畦编组织（双元宝）（图5-30）。第一行后针床集圈，前针床平针，反之亦可，之后第二行双床同时平针，然后循环进行；没有集圈的一面有胖胖的辫子效果为正面，所以有些地区也称之为"胖花"。畦编组织是前后针床轮流进行集圈，集圈在两面形成，正反面效果相同。

3. 摇床扳花

手摇横机的前针床可以通过旋转摇床手柄（图5-31），使前针床进行移动。在保证后针床满针出针、H位的同时，挑选前针床的出针和移动针距，能形成正针的各类花型图案变化（图5-32）。

4. 空转

就像前后针床起针时一样，先一行单独前床编织（后床不编织），然后下一行单独后床编织（前床不编织），形成空转组织，织物为筒状效果（图5-33）。注意，起针位可以是一隔一（亦称隔针圆筒），也可以满针全起（亦称圆筒空转），如图5-34所示。

三、任务实施（作业）

（1）课堂训练任务：完成尺寸为20cm×25cm的织片，织片要含有罗纹、畦编组织。

双元宝组织

单元宝组织

图5-30　半畦编组织（单元宝）和畦编组织（双元宝）织片
单元宝只有背面集圈受到牵拉，所以"胖花"效果强烈。双元宝两面都有集圈，空气感更强，手感比单元宝更厚，多用于外套组织

图5-31　摇床手柄

图5-32　摇床扳花图案织片

图5-33　空转织片

图5-34 空转编织行

　　（2）课后创意设计任务：运用所学的单面组织和双面组织，利用花式纱线的特性，完成有设计主题的创意织片。

第三节　创意设计实践

一、任务引入

　　结合各类花式纱线和组织结构，围绕设计主题完成创意针织织片。

　　知识目标

　　（1）熟悉前后针床的各类组织结构。

　　（2）熟悉不同花式纱线对不同主题特性的表达。

　　能力目标

　　（1）具有综合使用组织结构来表达创意设计的复杂工艺能力。

　　（2）具有利用手摇横机的灵活性、结合机头和手动调节、完成针织面料复杂肌理的能力。

二、任务要素

（一）花型设计

1. 单面嵌花

　　手摇横机的嵌花和电脑横机相比，它不受机头梭嘴数量的限制，可以编织更为复杂的单面多色图案（图5-35）。但是，它需要专用的嵌花机头来完成，纱线桶放置在地上，机针处于C位编织位。编织时，需要手动放置纱线在针上，换线处需要绞缠，因此编织时间较长。如果需要叠加移圈镂空花型，还需要先使用穿线器把机针归回B位，做好移圈后再拉至C位。但这也正是和电脑横机软件复杂的编程相比，手摇横机的嵌花更具有便利性。

2. 局部编织

　　局部编织，是指在编织过程中，一行内的一部分针不编织，一部分针进行编织。可以编织增加行数，也可以通过局部挂针形成凸条效果（图5-36）。

图5-35　单面嵌花织物正面和反面

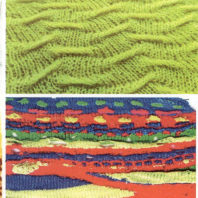

图5-36　局部编织织片赏析

3. 扩大线圈

可以通过调节密度盘上的数值，对线圈长度进行控制（图5-37）。

如果想要更长的线圈，手摇横机相比电脑横机，可以手动编织拉长线圈，以更便捷的方式自由完成创意效果（图5-38）。

4. 串珠装饰

在线圈上可以串上珠子、亮片等辅料，增加装饰细节效果。但如果这些装饰辅料过大无法通过机头，就需要手工完成编织动作（图5-39）。

5. 衬纬

衬纬组织在成圈过程中只作针后移动，不作针前移动，使衬纬纱夹持在圈柱和延展线之间，借以得到所需的性质和效果（图5-40）。

6. 流苏

和衬纬的方法一样，如果延长挂线往下垂坠并剪断，那么就会形成流苏效果（图5-41）。

图5-37　不同密度的平针织片

图5-38　线圈长度调节的创意织片赏析

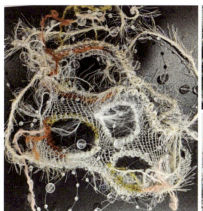
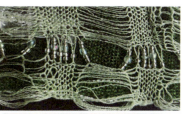

图5-39　线圈串珠创意织物

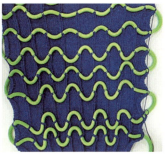

图5-40　衬纬织片

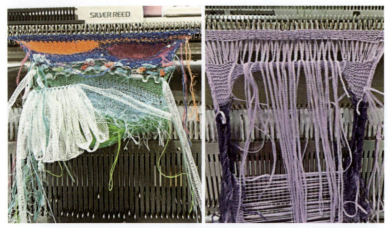

图5-41　流苏织片

图5-42　创意纱线组合织片赏析

（二）纱线组合

1. 纺织纱线

纱线的种类繁多，本书第二章有详细介绍。但如何更好地组合使用纱线，需要每一位设计师不断尝试，通过搭配组合或合股得到所需效果，也是每一位设计师需要不断实践总结的必经过程。

2. 线型材料

除了纺织纱线编织，还可以使用任意的线型材料编织。例如，塑料胶绳、丝带、剪成条状的梭织布、铜丝、鱼线、柔性发光线等都可以成为针织材料，甚至面料也可以通过钩在针舌，从而编织进线圈内（图5-42）。

三、任务实施（作业）

（1）课堂训练任务：完成尺寸为20cm×25cm的织片，织片要含有局部编织、衬纬组织。

（2）课后创意设计任务：运用所学的创意组织结构，利用花式纱线的特性，完成有设计主题的创意织片。

本章总结

　　本章主要通过任务引入了关于手摇横机面料设计实践的知识目标和能力目标，然后通过案例详细阐述了关于手摇横机单面组织、双面组织和创意设计实践的具体任务要素，并通过任务实施导入课内实践和课后实践。这非常便于初学针织时，很好地理解各种花型组合结构、机针动作、纱线特性等。各类花型组织在灵活、便捷的操作中不断调整变化，激发创意思维，适合各类针织面料小织片的创意实验，为后续电脑横机课程的学习打好基础。

课后作业

　　通过使用手摇横机前后针床，参考针织服装面料设计阶段划分，规划设计主题，挑选适合的纱线，完成复合组织结构的单双面织片。

思考拓展

　　作为设计开发前的各类试样织片，需要反复调整纱线、组织结构等。通过多次实验试片，完成最适合主题设计的样片。需要注意的是，针织图案纹样与花型组织结构和纱线应该相适应，过于丰富的组织结构肌理和纱线会影响花型图案的表达。越复杂的图案设计应选择简单的组织结构，越复杂的组织结构越应该选择简单的纱线。组织结构、针织图案、纱线，三者都是为了针织服装设计整体而服务，需要协调平衡好三者关系，完成设计主题。

课程资源链接

课件

第六章 针织电脑横机面料设计基础实践

第一节 纬平针组织的设计实践

一、任务引入

针织设计师在进行面料设计时，首先需要掌握各类基础组织，其中最为基础的是纬平针组织。本节任务是运用针织电脑横机进行纬平针组织面料的设计实践。

由于纬平针组织的特性，它常被用于制作T恤、内衣和运动衣等较薄的产品中，也常用于制作针织裤和短裙等。

思考：单面组织是不是所有针织面料组织结构中最单薄的？

知识目标

（1）理解纬平针组织的编织原理和织针动作；

（2）了解各类纱线和各种针型在纬平针组织织物中的应用；

（3）了解各类纱线和针型的选配关系，了解纱线色彩搭配和成分对纬平针组织面料质感的影响。

能力目标

（1）具备各类纬平针组织的设计能力；

（2）具备合理搭配纱线材质和纱线色彩的设计能力；

（3）具备各类纬平针组织的程序编制能力；

（4）具备各类纬平针组织的上机织造能力；

（5）具备分析纬平针组织织物的结构和各项参数的能力。

二、任务要素

（一）花型设计

纬平针组织的花型设计主要可以分为单色纬平针和夹色纬平针两大类。

单色纬平针组织是指整个面料中只使用了单种纱线的单一色彩，是针织面料中最基础的单面组织。根据选择针型粗细的不同，单色纬平针组织适用的服装类型也不相同（图6-1~图6-5）。

图6-1　单色纬平针组织标志视图和工艺视图

图6-2　单色纬平针组织（12针面料正面）

图6-3　单色纬平针组织（12针面料反面）

图6-4　单色纬平针组织（3针面料正面）

图6-5　单色纬平针组织（3针面料反面）

图6-6　夹色纬平针组织标志视图和工艺视图

图6-7　循环夹色纬平针组织（正面）

图6-8　循环夹色纬平针组织（反面）

图6-9　渐变夹色纬平针组织

纬平针组织正面与反面的效果不同，其中图6-2和图6-4是单色纬平针组织正面，线圈呈较明显的竖向线圈排列。图6-3和图6-5是单色纬平针组织反面，线圈呈较明显的横向线条排列。根据服装设计所需面料效果的不同，纬平针组织的正面和反面均可应用于设计之中。

夹色纬平针组织（图6-6）是指整个面料中使用了两种或两种以上的纱线或色彩，它是针织面料中最基础的多纱线或多色组合组织（图6-7~图6-9）。按夹色效果分，可以细分为等间距夹色、循环夹色、无规律夹色和渐变夹色等。夹色的设计方法不仅适用于单面纬平针组织，同样适用于罗纹、双面等其他基础组织，也可以与集圈、提花等组织进行复合设计。

OTTILLA　　TORI

CASHSTAR　　CAMILO 图6-11

图6-10

图6-12

图6-13

（二）纱线组合

1. 单种纱线的纬平针组织

单种纱线的纬平针组织面料的风格效果取决于所选用的纱线（图6-10、图6-11）。

2. 多纱线组合的纬平针组织（图6-12、图6-13）

思考：根据设计所需要的面料褶皱效果，进行不同缩率的纱线夹色组合设计。

进行多纱线组合的夹色纬平针组织设计时，需要特别考虑以下两点：

（1）缩率不同的纱线夹色时会产生的差异化效果；

（2）粗细不同的纱线夹色时会产生的差异化效果。

（三）编程织造

1. 织片任务要素

夹色纬平针组织织物（图6-7）。

2. 实验平台要素

本任务实验平台选用M1plus针织编程系统和CMS ADF 32BW E7.2机型。

图6-10　单种纱线的纬平针组织纱线样卡（100%羊毛）

其面料呈现效果取决于纱线的材质和与之对应的针型

图6-11　单种纱线的纬平针组织纱线样卡（花式纱线）

市场上部分纱线有很多色彩可供设计时挑选；也有部分纱线只有特定的色彩或特定的视觉效果可选择，这种情况在花式纱线中较为普遍

图6-12　涤纶丝与透明丝组合的夹色纬平针组织织物

采用缩率相差较大的纱线进行夹色，面料会产生较为明显的褶皱，与图6-7中采用相同或相近缩率纱线夹色而成的面料平整效果截然不同

图6-13　花式纱组合的夹色纬平针组织

采用粗细不同的纱线进行夹色，夹色区域间会产生较为明显的厚薄对比。蓝色区域采用了一根较粗的彩点花式纱，粉灰色区域采用了一根较细的双曲纱和一根银葱纱，其效果是蓝色区域的紧实质感和粉灰色区域的松散质感形成了明显的对比

3. 程序编制要素

（1）图6-14为创建一个新花型"夹色纬平针练习01"的界面。

图6-14 创建新花型界面

步骤1 选择"文件——新花型"，输入花型名称"夹色纬平针练习01"。

步骤2 选择机型："机器——建立我的机器"CMS ADF 32BW（upgraded）EKC 331 7.2针（14根针/英寸，选装10号针钩）

步骤3 选择花型总参数：自动分配

步骤4 选择花型类型：布片

步骤5 设定花型尺寸ADF 180针×200行

步骤6 选择基本组织：前床线圈翻针

步骤7 选择与罗纹起头相关的设置
- 使用夹纱
- STOLL with protection thread
- 用牵拉梳
- 1系统
- 无弹力纱
- 选择最后一行罗纹形式（过渡开松行）

步骤8 选择罗纹结构：可任意选择，本任务以2×2为例

步骤9 点击"生成设计花型"

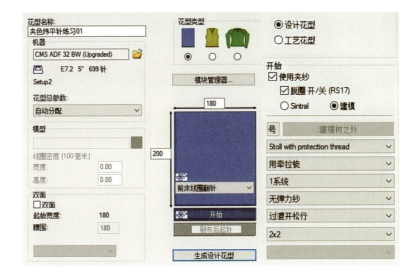

（2）根据以下步骤编辑织物程序。

步骤1 使用M1plus绘制花型（图6-15）。

步骤2 设置安全行（衣片顶上做安全行废纱）（图6-16），并修改罗纹和抽纱色彩。

图6-15 绘制夹条纬平针花型图案　　图6-16 安全行设置

菜单设置：花型参数—设置—编织区—特殊编织衣片—安全行—勾选"使用纱线色彩#205"（安全行纱）—应用

步骤3 设置牵拉系统，对于CMS ADF 32BW（Upgraded）机型，牵拉系统设置方式为：花型参数—设置—牵拉梳·夹纱—勾选"带入"—选择"Float and Lock_B［16-16］"—应用。

步骤4 设置纱线区域（图6-17）。

步骤5 扩展花型（图6-18）。

思考：单面结构具有的卷边性，其产生的原因和特征是什么？

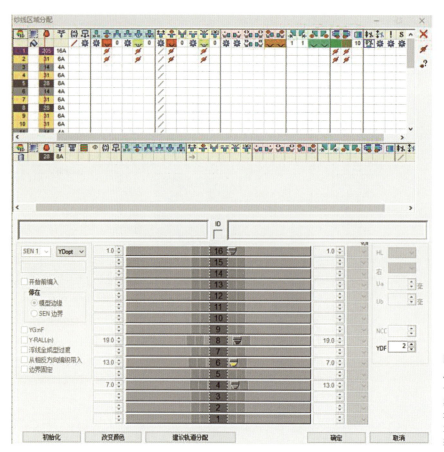

图6-17 纱线区域设置

ADF机器32个纱嘴（左右各16个）：废纱纱嘴设置为右侧16号，黑色区域设置为右侧8号，黄色区域设置为右侧6号，灰色区域设置为右侧4号。

夹持导纱器：织片结束时夹持

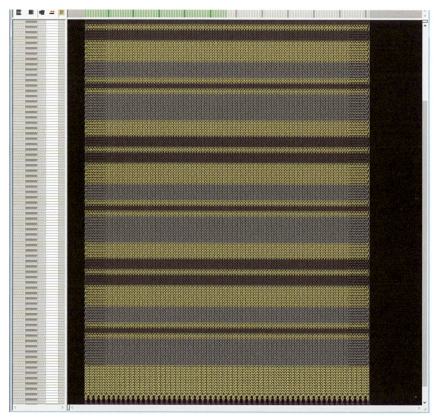

图6-18 扩展花型织物模拟视图

由织物模拟可见，两侧使用了正反针结构，其目的是使织物两侧不卷边

（3）根据以下步骤设置参数（常规设置）。

步骤1 设置线圈长度（图6-19），翻针行不用设置。

线圈长度表 [200102-01]

文件(F) 编辑(E) 查看(V) 工具(T) 问号 (?)

用过的 / 常用的 | 默认值 | 织可穿

否		NP	PTS	NP E7.2 (10)	说明 [中文]	F	U
1		1	=	9.0	起始行	☐	X
2		2	=	10.0	起始空转	☐	X
3		3	=	9.5	1x1-循环	☐	X
9		4	=	9.8	放松行	☐	X
23		20	=	9.0	起头 1	☐	X
24		21	=	10.0	起头 2	☐	X
25		22	=	11.0	起头 3	☐	X
27		24	=	12.0	起头 5	☐	X
48		5	=	11.7	单面平针结构前	☐	X
49		6	=	11.7	单面平针结构后	☐	X
68		7	=	11.0	默认前	☐	X
70		17	=	12.0	安全行	☐	X
192		11	=	7.0	起始行前	☐	X
256		8	=	9.0	Border Fixation	☐	X

图6-19 线圈长度参数设置

NP1=9 起始行：罗纹起头（前后起头）

NP2=10 起始空转：罗纹空转1.5行

NP3=9.5 罗纹组织结构：1×1循环

NP4=9.8 放松行：翻针、罗纹过渡大身放松0.3

NP5=11.7 大身前床：单面平针结构前

NP6=11.7 大身后床：单面平针结构前

NP17=12.0 安全行（封口废纱）

NP25=17.5 橡筋纱的密度固定（比普通纱粗）

步骤2 设置牵拉系统（图6-20）。具体设置方法为：花型参数—设置—牵拉梳 · 夹纱—起头衣片带入。

否		WBF	操作	值	说明 [中文]	F	U
1		1	WB	3.5	前进	☑	X
5		2	WB	20.0	脱圈 30	☑	X
6		3	WB	5.0	脱圈 2	☑	X
8		4	WB	0.0	脱圈 3	☑	X

图6-20 牵拉系统数值设置

ADF：Float and Lock_B [16-16]

牵拉参数：皮带牵拉WBF1坯布数值“3.5”

步骤3 设置机速（图6-21）。

否		MSEC		米/秒	说明 [中文]	F	U
6		3	=	0.50	编织 6	☐	X
10		2	=	0.50	默认编织	☐	X
11		0	=	0.50	默认 SO	☐	X
12		1	=	0.50	默认翻针	☐	X
13		D	=	0.50	-	☐	X
14		D	=	0.50	-	☐	X

图6-21 机速系统设置

MSEC 0 空机头 0.5

MSEC 1 翻针 0.5脱圈

MSEC 3 罗纹 0.5

MSEC 2 大身 0.5

MSEC D 橡筋纱 0.5

MSEC k 碰到小结头的速度 0.3

步骤4 生成MC程序：首先“生成MC程序”，然后“执行Sintral 检验”，并在检验页面点击“Start”，最后“导出MC程序”（存入U盘，记住文件所在路径和文件名）。

（4）上机织片：使用对应机型，读取U盘上机文件后上机操作。

三、任务实施

（一）任务要求和布置

纬平针组织设计训练，分为课堂训练任务和课后作业任务。课堂训练包括花型设计、纱线选用、机型匹配、程序绘制、上机编织和织物分析6个步骤。课后作业包括该对应织片和数据文件的整理和调研PPT的制作。

（二）任务组织

（1）课堂训练任务：夹色纬平针组织织物（图6-7），独立完成。

（2）课后调研任务：完成各个纬平针组织细分类别（如等间距夹条、渐变夹条、多种纱线夹条等）的调研，并按细分类别将各织片图片收集整理到本节课后作业PPT中。

（3）课后作业任务：根据课程大作业的任务要求，要求学生运用纬平针组织细化设计，并上机完成不少于2个不同类别的纬平针组织织物（详见本章"课后作业2"）。

（三）任务准备

结合课程所学知识和技能，在针织纬平针组织的面料框架内，明确设计风格，明确纱线预算，明确呈现方法。

（四）任务分析和实施

1. 课堂训练任务

在课堂训练任务中完成"夹色纬平针组织织物"的制作，具体可以分为设计花型、选用纱线、匹配机型、绘制程序、上机编织和分析织物6个步骤。

（1）设计花型：根据所学的纬平针基本组织，设计一款纬平针花型织物，通过专业针织编程软件或BMP格式完成点图设计。

（2）选用纱线：将选用的纱线具体信息填入表6-1。

表6-1　　　　　　　　　　　　所选纱线具体信息

序号	纱线商	成分	支数	色彩及色号	市场单价（元）
1					
2					
…					

（3）匹配机型：机器厂商_____，机器型号_____，针型_____。

（4）绘制程序：根据所学的纬平针基本组织编程方法，运用专业针织编程软件，完成所设计的"夹色纬平针组织面料"的程序。

（5）上机编织：运用所选用的纱线，在匹配的机型上将绘制的程序完成上机编织，得到织物。

（6）分析织物：分析完成的织物，与设计花型相对照，确认其是否达到设计时的想法。并在表6-2中记录织片数据和相关信息。

表6-2　　　　　　　　　　织片数据和相关信息

织物名称		程序名称	
机器型号		针型	
织物下机宽		织物下机高	
织物整理后宽		织物整理后高	
织物拉密			
织物正面照片		织物反面照片	
主要上机参数			

2. 课后作业任务

（1）通过市场调研和网络搜索了解纬平针组织细分类别的相关知识，并收集若干具有代表性的面料图片。

（2）将调研收集的面料图片按照类别进行分类整理，完成一个"纬平针组织面料分类"的PPT作业。

（3）学习能力强的学生，在调研整理得出的类别中选择不少于2类，各完成不少于1个"纬平针组织织片"的设计和呈现。

第二节　罗纹组织的设计实践

一、任务引入

相比纬平针组织，罗纹组织在横向具有更强的延伸度和弹性。本节任务是运用针织电脑横机进行罗纹组织面料的设计实践。

由于罗纹组织的高弹特性，它常用于服装的领口、袖口、裤脚管口、下摆边、袜口等需要拉伸和回弹的部位，以及紧身衫裤、运动衣款式中，尤其织或衬入氨纶丝后，弹性更佳。

思考：罗纹组织的横向延伸度和弹性与罗纹种类之间的关系。

知识目标

（1）了解罗纹组织的编织原理和织针动作。

（2）了解各类纱线和各种针型在罗纹组织面料中的应用。

（3）了解各类纱线和针型的选配关系，了解纱线色彩搭配和成分对罗纹组织面料质感的影响。

能力目标

（1）具备各类罗纹组织的设计能力。

（2）具备合理搭配纱线材质和纱线色彩的设计能力。

（3）具备各类罗纹组织的程序编制能力。

（4）具备各类罗纹组织的上机织造能力。

（5）具备分析罗纹组织面料的结构和各项参数的能力。

二、任务要素

（一）花型设计

罗纹组织的种类很多，根据正反面线圈纵行的不同配置而不同。通常用N×M罗纹来表示，N表示一个循环内正面线圈纵行数，M表示一个循环内反面线圈的纵行数，如1×1罗纹、2×1罗纹或2×2罗纹等。

罗纹组织的花型设计主要可以分为针对针罗纹和针对齿罗纹两类。

1. 针对针罗纹

罗纹组织在编织时，两个针床的针槽相对排列（即#位），1×1罗纹组织是两针床均1隔1排针，且两床工作织针1隔1相间配置；2×2罗纹组织是两针床均2隔2排针，且两床工作织针2隔2相间配置。相对而言，1×1罗纹织物比较蓬松柔软、横向延伸性较大，弹性也比较好（图6-22～图6-25）。

思考：除了例图中的两类，还有哪些针对针罗纹？与例图中两类的区别是什么？

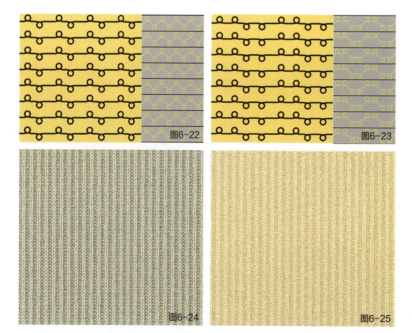

图6-22 1×1罗纹组织标志视图和工艺视图

图6-23 2×2罗纹组织标志视图和工艺视图

图6-24 1×1罗纹组织12针织物（正反面一样）

图6-25 2×2罗纹组织12针织物（正反面一样）

2. 针对齿罗纹

图6-26～图6-30为针对齿罗纹组织。在编织时，两个针床的针槽对针齿交错排列（即N位）。2×1罗纹组织是两针床均2隔1排针，且两床工作织针交错配置，2×1罗纹组织的正反面视觉效果与2×2罗纹非常类似，但2×1罗纹是在3组双针床织针内完成的，而2×2罗纹是在4组双针床织针内完成的，因此2×1罗纹组织的横向弹力会比2×2稍大一些。3×1罗纹组织是两针床均3隔1排针。相对而言，罗纹组织的数字越大，横向延伸性和弹性与纬平针组织越接近（图6-26～图6-30）。

思考：除了例图中的两类，还有哪些针对齿罗纹？与例图中两类的区别是什么？

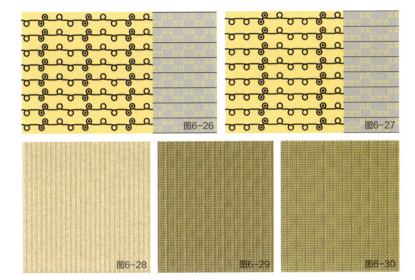

图6-26　2×1罗纹组织标志视图和工艺视图

图6-27　3×1罗纹组织标志视图和工艺视图

图6-28　2×1罗纹组织12针织物（正反面一样）

图6-29　3×1罗纹组织7针织物（正面）

图6-30　3×1罗纹组织7针织物（反面）

（二）纱线组合

1. 不加丝罗纹组织与加丝罗纹组织

图6-31和图6-32为1×1罗纹组织加丝对比。图6-31、图6-32中，织片均采用14G针型设备编织，选用同厂商同成分同支数的纱线，织机密度相近，区别仅在于图6-32中额外添加了一根2070氨纶丝。明显可见，在相同的经向和纬向长度内，加丝罗纹组织的密度大于不加丝罗纹组织。氨纶丝具有很强的弹力，在遇热后会明显收缩，罗纹组织的延伸性极佳，

图6-31　不加丝1×1罗纹组织

图6-32　加丝1×1罗纹组织

因此常在罗纹组织中加入氨纶丝，使面料更加紧密，应用于领口、袖口等需要较大弹力的部位。

2. 夹色罗纹组织织片

图6-33为夹色罗纹组织。使用白色羊毛类纱线五五毛腈（50%羊毛50%腈纶）和黑色毛感纱线仿貂毛（100%涤纶）进行了夹色。花型设计运用2×2罗纹和4×4罗纹的组合。可见，两种罗纹的横向延伸性区别叠加纱线的缩率区别形成了独特的面料效果。

图6-33 夹色罗纹组织

（三）编程织造

1. 织片任务要素

夹条罗纹组织织物（图6-33）。

2. 实验平台要素

本任务实验平台选用M1plus编程设计系统和CMS ADF 32BW E7.2机型。

3. 程序编制要素

（1）图6-34为创建一个新花型"夹色罗纹组织"的界面。

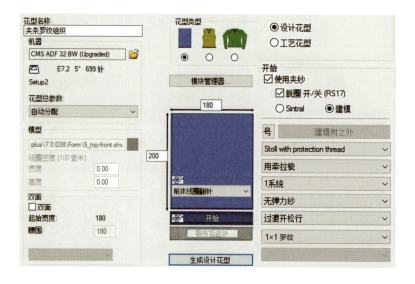

图6-34 创建新花型界面
机器：CMS ADF 32BW（Upgraded）
针距：7.2
花型尺寸：180针×200行
罗纹：1×1罗纹

（2）根据以下步骤编辑织物程序。

步骤1 使用M1plus绘制花型，如图6-35所示。绘制花型时，花型循环节一般是指针织面料的可循环单元，本任务使用10行白色4×4罗纹组织与10行黑色2×2罗纹组织进行夹色（图6-36），可进行四方连续循环。

步骤2 设置安全行，通过以下菜单设置：花型参数—设置—编织区—特殊编织衣片—安全行—勾选"使用纱线色彩"并填入"205"（安全行纱）—应用。

步骤3 设置牵拉系统，对于CMS ADF 32BW（Upgraded）机型，牵拉系统设置方式为：花型参数—设置—牵拉梳·夹纱—勾选"带入"—选择"Float and Lock_B［16-16］"—应用。

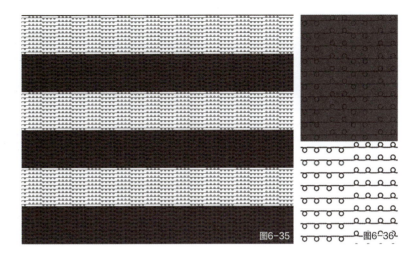

图6-35　绘制夹条罗纹设计花型
图案

图6-36　花型循环节

图6-35

图6-36

步骤4　设置纱线区域（图6-37），进行纱线区域分配：废纱设置为右侧16号纱嘴，白色区域设置为右侧3号，黑色区域设置为右侧4号。

步骤5　扩展花型（图6-38）。

思考：各种不同罗纹之间以及罗纹与纬平针之间，是否都可以通过翻针衔接？

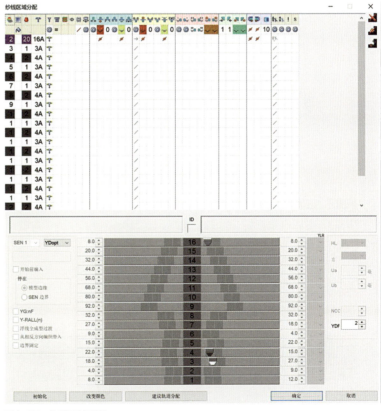

图6-37　纱线区域设置

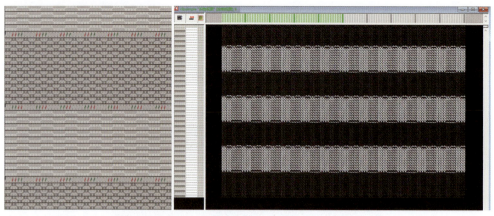

图6-38　扩展花型工艺视图和织物模拟视图

两种罗纹变化之间存在翻针符号，这是由于2×2罗纹与4×4罗纹的排针不同，通过翻针将原组织线圈翻到新组织相应排针位置

（3）根据以下步骤设置参数。

步骤1　设置线圈长度，如图6-39所示，翻针行不用设置。

线圈长度表 [ribsimple]

文件(F)　编辑(E)　查看(V)　工具(T)　问号(?)

用过的 / 常用的　默认值　织可穿

否		NP	PTS	NP E7.2 (10)	
1		1	=	9.0	
2		2	=	10.0	
3		3	=	9.0	
9		4	=	11.0	
23		20	=	9.0	
24		21	=	10.0	
25		22	=	11.0	
27		24	=	12.0	
48		5	=	12.0	
49		6	=	12.0	
70		17	=	12.0	
192		11	=	7.0	

图6-39　线圈长度参数设置

NP1=9.0　罗纹起头（前后起头）

NP3=9.0　罗纹

NP4=11.0　翻针、罗纹过渡大身放松

NP5=12.0　大身前床

NP6=12.0　大身后床

NP25=17.5　橡筋纱的密度固定（比普通纱粗）

步骤2　设置安全行。

步骤3　设置牵拉系统，如图6-40所示。具体设置方法为：花型参数—设置—牵拉梳·夹纱—起头衣片带入。

文件(F)　编辑(E)　查看(V)　工具(T)　问号(?)

否		WBF	操作	值	说明 [中文]	F	U
1		1	WB	3.5	前进	☑	X
5		2	WB	20.0	脱圈 30	☑	X
6		3	WB	5.0	脱圈 2	☑	X
8		4	WB	0.0	脱圈 3	☑	X

图6-40　牵拉系统数值设置

ADF：Float and Lock_B［16-16］

牵拉参数：皮带牵拉WM坯布数值"3.5"

步骤4　更换起头，双反面色彩换成大身色彩，抽纱色彩换成废纱色彩（#205）。

步骤5　设置机速。

步骤6　生成MC程序。

（4）上机织片。

三、任务实施

（一）任务要求和布置

罗纹组织设计训练，分为课堂训练任务和课后作业任务。课堂训练包括花型设计、纱线选用、机型匹配、程序绘制、上机编织和织物分析6个步骤。课后作业包括该对应织片和数据文件的整理和调研PPT的制作。

（二）任务组织

（1）课堂训练任务：夹色罗纹组织织物（图6-33），独立完成。

（2）课后调研任务：完成各个罗纹组织细分类别（如针对针罗纹、针对齿罗纹等）的调研，并按细分类别将各织片图片收集整理到本节课后作业PPT中。

（3）课后作业任务：根据课程大作业的任务要求，要求学生运用罗纹组织细化设计，并上机完成不少于2个不同类别的罗纹组织织物（详见本章"课后作业2"）。

（三）任务准备

结合课程所学知识和技能，在针织罗纹组织的面料框架内，明确设计风格，明确纱线预算，明确呈现方法。

（四）任务分析和实施

1. 课堂训练任务

在课堂训练任务中完成"夹色罗纹组织织物"，具体可以分为设计花型、选用纱线、匹配机型、绘制程序、上机编织和分析织物6个步骤。

（1）设计花型：根据所学的罗纹基本组织，设计一款罗纹花型面料，通过专业针织编程软件或BMP格式完成点图设计。

（2）选用纱线（表6-3）。

表6-3　　　　　　　　　　　　　　**所选纱线具体信息**

序号	纱线商	成分	支数	色彩及色号	市场单价（元）
1					
2					
…					

（3）匹配机型：机器厂商_____，机器型号_____，针型_____。

（4）绘制程序：根据所学的罗纹基本组织编程方法，运用专业针织编程软件，完成所设计的"夹色罗纹组织面料"的程序。

（5）上机编织：运用所选用的纱线，在匹配的机型上将绘制的程序完成上机编织，得到织物。

（6）分析织物：分析完成的织物，与设计花型对照，确认其是否达到设计时的想法。并在表6-4中记录织片数据和相关信息。

表6-4　　　　　　　　　　**织片数据和相关信息**

织物名称		程序名称	
机器型号		针型	
织物下机宽		织物下机高	
织物整理后宽		织物整理后高	
织物拉密			
织物正面照片		织物反面照片	
主要上机参数			

2. 课后作业任务

（1）通过市场调研和网络搜索了解罗纹组织细分类别的相关知识，并收集若干具有代表性的面料图片。

（2）将调研收集的面料图片按照类别进行分类整理，完成一个"罗纹组织面料分类"的PPT作业。

（3）学习能力强的学生，在调研整理得出的类别中选择不少于2类，各完成不少于1个"罗纹组织织片"的设计和呈现。

第三节　双反面组织的设计实践

一、任务引入

相较于罗纹组织，双反面组织也是由正面纬平针组织和反面纬平针组织构成的，但在排列上与罗纹组织不同。双反面组织又称正反针组织。本节任务是运用针织电脑横机进行双反面组织面料的设计实践。

由于双反面组织的特性，它常用于服装的领口、袖口、裤脚管口、下摆边等需要避免纬平针卷边性的部位，或是需要纵向弹力的部位。双反面组织也可以用于大身设计的立体凹凸图案中。

知识目标

（1）了解双反面组织的编织原理和织针动作。

（2）了解各类纱线和各种针型在双反面组织面料中的应用。

（3）了解各类纱线和针型的选配关系，了解纱线色彩搭配和成分对双反面组织面料质感的影响。

能力目标

（1）具备各类双反面组织的设计能力。

（2）具备合理搭配纱线材质和纱线色彩的设计能力。

（3）具备各类双反面组织的程序编制能力。

（4）具备各类双反面组织的上机织造能力。

（5）具备分析双反面组织面料的结构和各项参数的能力。

二、任务要素

（一）花型设计

根据正反面线圈的排列方式变化，双反面组织的种类很多。

双反面组织的花型设计主要可以分为横向分割双反面组织、可循环正反针组织和复合图案排列正反针组织三类。

1. 横向分割双反面组织（1+1双反面、n+n双反面）

图6-41为最基本的1+1双反面组织，由一个正面线圈横列和一个反面线圈横列组成最小完全组织。

在1+1双反面组织的基础上，可以产生不同的结构和花色效应（图6-42~图6-44）。不同正反面线圈横列数的相互交替配置，可以形成2+2双反面、3+3双反面、2+3双反面等组织结构。

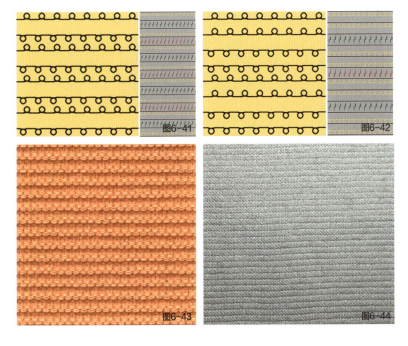

图6-41　1+1双反面组织标志视图和工艺视图

图6-42　2+2双反面组织标志视图和工艺视图

图6-43　1+1双反面组织7针面料（正反面一样）

图6-44　2+2双反面组织12针面料（正反面一样）

2. 可循环正反针组织（米粒针、块状凹凸）

在双反面组织中，按照花纹要求，在织物表面混合配置正反面线圈区域，可形成不同凹凸花纹。

米粒针凹凸效果双反面组织采用一正一反线圈交替编织而成，形成正反线圈对比的凹凸效果。同样，如果使用一正两反或者两正两反等线圈交替排列，也会形成各种不同的米粒效果（图6-45、图6-46）。

块状凹凸效果双反面组织采用四行正面线圈和四行1+1双反面线圈为主题，交错排列，图6-47中红色框为最小循环，四方连续。这类正反针组织可以明显看出反面线圈区域凸出在外、正面线圈区域凹进在里的凹凸效果组织（图6-48）。

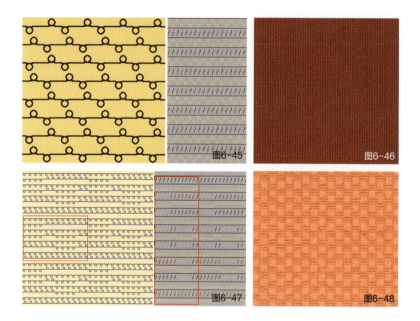

图6-45　米粒凹凸效果双反面组织的标志视图和工艺视图

图6-46　米粒凹凸效果双反面组织12针面料（正面）

图6-47　块状凹凸效果双反面组织的标志视图和工艺视图

图6-48　块状凹凸效果双反面组织的12针面料（正面）

3. 复合图案排列正反针组织

复合菱形正反针组织以黑和灰两色纱线1+1双反面排列为基础结构（图4-49、图4-50）。构成黑色菱形框的黑色线条由八行编织行组成，其中的四行黑色纱线进行前针床编织，四行灰色纱线不织，由此形成连续的黑色竖向条纹。其中图6-49中红色框内为最小循环，四方连续。

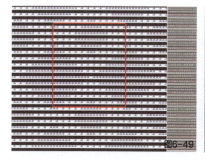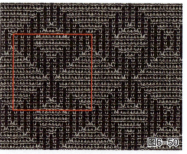

图6-49　复合菱形正反针组织标志视图和工艺视图

图6-50　复合菱形正反针组织的12针面料（正面）

（二）纱线组合

1. 高弹力纱线与低弹力纱线

双反面组织配合具有弹力的纱线，可以达到更加明显的凹凸立体效果。

双反面组织结合高弹力纱线可以达到紧密的布面效果，使得凹凸图案更加清晰，与低弹力纱线组合相比较有显著的差异（图6-51、图6-52）。

图6-51　低弹力纱线双反面组织面料

图6-52　高弹力纱线双反面组织面料

2. 添纱正反针组织

添纱是针织中常用的一种纱线组合方法，其特点是使用两种不同色彩或材质的纱线在同一个编织系统内进行编织，正、反面呈现出两种纱线色彩和材质搭配设计的创意效果。

图6-53面料采用了黄色和白色的纱线组合（图6-54），进行正反针组织编织。由于添纱工艺的特性，左侧面料的正面线圈显现黄色，反面线圈显现白色；右侧面料的正面线圈呈现白色，反面线圈呈现黄色。使用添纱工艺和正反针的正反线圈排布可以制作出具有色彩变化的针织图案面料。

图6-54　图6-53中面料所选用的两种色纱

图6-53　添纱正反针组织面料

（三）编程织造

1. 织片任务要素

双反面组织织物（图6-52）。

2. 实验平台要素

本任务实验平台选用M1plus针织编程系统和CMS ADF 32BW E7.2机型。

3. 程序编制要素

（1）图6-55为创建一个新花型"双反面组织练习"的界面。

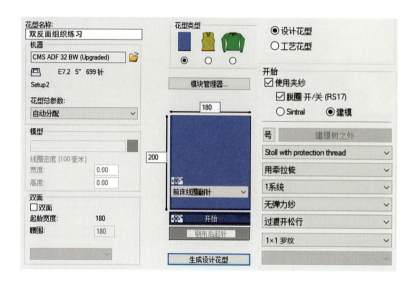

图6-55 创建新花型界面
机器：CMS ADF 32BW（Upgraded）
针距：7.2
花型尺寸：180针×200行
罗纹：1×1罗纹

（2）根据以下步骤编辑织物程序。

步骤1 使用M1plus绘制花型（图6-56）。

本任务的图案设计是几何形的排列构成三角形。花型循环节可进行四方连续循环（图6-57）。

步骤2 设置安全行。

步骤3 设置牵拉系统。

步骤4 设置纱线区域：废纱纱嘴设置为右侧16号，主纱区域设置为右侧3号。

步骤5 扩展花型（图6-58）。

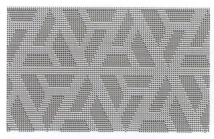

图6-56 绘制双反面设计花型图案

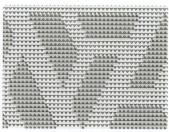

图6-57 花型循环节

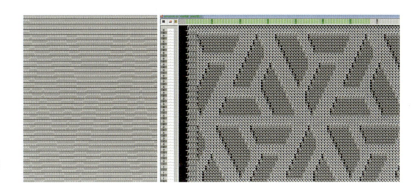

图6-58 扩展花型工艺视图和织物视图

（3）根据以下步骤设置参数。

步骤1 设置线圈长度（图6-59）。

步骤2 设置牵拉系统。

步骤3 设置机速。

步骤4 生成MC程序。

（4）上机织片。

线圈长度表 [ADF200202-02]

文件(F)　编辑(E)　查看(V)　工具(T)　问号(?)

用过的 / 常用的　默认值　织可穿

否			NP	PTS	NP E7.2 (10)	说明 [中文]	F	U
1			1	=	9.0	起始行		X
2			2	=	10.0	起始空转		X
3			3	=	9.3	1x1-循环		X
9			4	=	9.8	翻针、双反面过渡大身放松		X
23			20	=	9.0	起头 1		X
24			21	=	10.0	起头 2		X
25			22	=	11.0	起头 3		X
27			24	=	12.0	起头 5		X
48			5	=	11.0	单面平针结构大身前床		X
49			6	=	11.0	单面平针结构大身后床		X
70			17	=	12.0	安全行		X
192			11	=	7.0	起始行前		X

图6-59 线圈长度参数设置

三、任务实施

（一）任务要求和布置

双反面组织设计训练，分为课堂训练任务和课后作业任务。课堂训练包括花型设计、纱线选用、机型匹配、程序绘制、上机编织和织物分析6个步骤。课后作业包括该对应织片和数据文件的整理和调研PPT的制作。

（二）任务组织

（1）课堂训练任务：单色双反面组织织物（图6-52），独立完成。

（2）课后调研任务：完成各个双反面组织细分类别（如等间距夹条、渐变夹条、多种纱线夹条等）的调研，并按细分类别将各面料图片收集整理到本节课后作业PPT中。

（3）课后作业任务：根据课程大作业的任务要求，要求学生运用双反面组织细化设计，并上机完成不少于2个不同类别的双反面组织织物（详见本章"课后作业2"）。

（三）任务准备

结合课程所学知识和技能，在针织双反面组织的面料框架内，明确设计风格，明确纱线预算，明确呈现方法。

（四）任务分析和实施

1. 课堂训练任务

在课堂训练任务中完成"单色双反面组织织物"，具体可以拆分为设计花型、选用纱线、匹配机型、绘制程序、上机编织和分析织物6个步骤。

（1）设计花型：根据所学的双反面基本组织，设计一款双反面花型面料，通过专业针织编程软件或BMP格式完成点图设计。

（2）选用纱线（表6-5）。

表6-5   **所选纱线具体信息**

序号	纱线商	成分	支数	色彩及色号	市场单价（元）
1					
2					
…					

（3）匹配机型：机器厂商＿＿＿＿＿＿，机器型号＿＿＿＿＿＿，针型＿＿＿＿＿＿。

（4）绘制程序：根据所学的双反面基本组织编程方法，运用专业针织编程软件，完成所设计的"夹色双反面组织织物"的程序。

（5）上机编织：运用所选用的纱线，在匹配的机型上将绘制的程序完成上机编织，得到织物。

（6）分析织物：分析完成的织物，与设计花型对照，确认其是否达到设计时的想法。并在表6-6中记录织片数据和相关信息。

表6-6   **织片数据和相关信息**

织物名称		程序名称	
机器型号		针型	
织物下机宽		织物下机高	
织物整理后宽		织物整理后高	
织物拉密			

织物正面照片	织物反面照片
主要上机参数	

2．课后作业任务

（1）通过市场调研和网络搜索了解双反面组织细分类别的相关知识并收集若干具有代表性的面料图片。

（2）将调研收集的面料图片按照类别进行分类整理，完成一个"双反面组织面料分类"的PPT作业。

（3）学习能力强的学生，在调研整理得出的类别中选择不少于2类，各完成不少于1个"双反面组织织片"的设计和呈现。

第四节　集圈组织的设计实践

一、任务引入

集圈组织与正针、反针组织的最大区别就是在某些线圈上除封闭的旧线圈外，还有未成圈的悬弧。因此，其花型变化较多，利用集圈的排列与不同纱线的组合，可形成具有不同服用性能与外观的织物效果。本节任务是运用针织电脑横机进行集圈组织面料的设计实践。

由于集圈组织的特性，它常被用于制作羊毛衫、T恤衫、吸湿快干功能性服装等的产品。

思考：与罗纹组织相比，集圈组织的厚度、弹性如何？

知识目标

（1）了解集圈组织的编织原理和织针动作。

（2）了解各类纱线和各种针型在集圈组织面料中的应用。

（3）了解各类纱线和针型的选配关系，了解纱线色彩搭配和成分对集圈组织面料质感的影响。

能力目标

（1）具备各类集圈组织的设计能力。

（2）具备合理搭配纱线材质和纱线色彩的设计能力。

（3）具备各类集圈组织的程序编制能力。

（4）具备各类集圈组织的上机织造能力。

（5）具备分析集圈组织面料的结构和各项参数的能力。

二、任务要素

（一）花型设计

集圈组织的花型设计主要可以分为单面集圈花型和双面集圈花型两类。

图6-60为单面集圈花型的标志视图和工艺视图。此集圈组织花型是在纬平针反面的基础上，做了纵向连续集圈的效果，由于集圈并没有成圈编织，因此会在一个针钩里形成一个线圈与多个悬弧共存的情况，形成微微凸起的效果。另外，织物反面与正面效果相反（图6-61），是在纬平针正面的基础上做了纵向连续集圈的效果。

图6-62为双面集圈—单鱼鳞花型的标志视图和工艺视图。双面集圈的基础花型——单鱼鳞组织，也叫半畦编组织，其正面是在1×1罗纹反针列的基础上加入集圈结构的，反面则是在正针的一列上做集圈。由于悬弧的存在和作用，使其比罗纹更加厚实，线圈也更加饱满（图6-63），常用作秋冬款毛衫的组织结构。

图6-64为双面集圈—双鱼鳞花型的标志视图和工艺视图。双面集圈的基础花型——双鱼鳞组织，也叫畦编组织，其正面在1×1罗纹正针列和反针列上同时加入集圈结构，反面结构与正面相同（图6-65），因此它比单鱼鳞组织更加厚实。

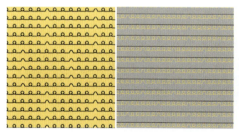

图6-60　单面集圈花型标志视图和工艺视图 　　　图6-61　单面集圈组织织物

正面　　　　　　　　　　反面

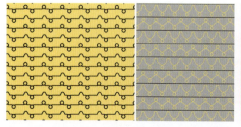

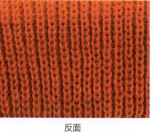

图6-62　双面集圈——单鱼鳞（半畦编）标志视图和工艺视图

正面　　　　　　　　　　反面

图6-63　双面集圈——单鱼鳞织物

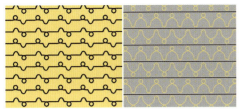

正面　　　　　　　　　　　反面

图6-64　双面集圈——双鱼鳞（畦编）标志视图和
工艺视图

图6-65　双面集圈——双鱼鳞织物

（二）色彩与纱线组合设计

由于集圈的编织原理，结合不同材质、不同色彩的纱线组合编织，会形成不同风格的织物效果。图6-66为夹色集圈组织织物。该图中织物是使用羊毛纱线一和透明丝纱线二组合形成的。羊毛纱线一选自图6-67色卡，透明丝纱线二选自图6-68色卡。

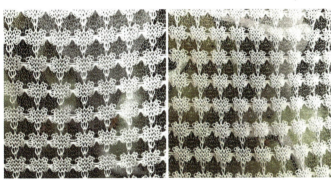

正面　　　　　　　　　　　反面

图6-66　夹色集圈组织织物

图6-68　纱线二部分色卡（25%涤纶75%尼龙透明丝）

图6-67　纱线一部分色卡（100%羊毛）

（三）编程织造

1. 织片任务要素

夹色集圈组织织物（图6-66）。

2. 实验平台要素

本任务实验平台选用M1plus针织编程系统和CMS ADF 32BW E7.2机型。

3. 程序编制要素

（1）图6-69为创建一个新花型"夹色集圈组织"的界面。

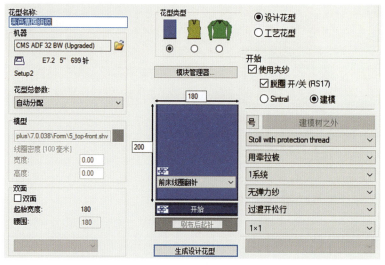

图6-69 创建新花型界面

机器：CMS ADF 32BW（Upgraded）

针距：7.2

花型尺寸：180针×200行

罗纹：1×1罗纹

（2）编辑织物程序。

步骤1 使用M1plus绘制花型（图6-70）。

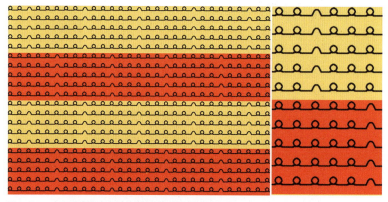

图6-70 夹色集圈组织标志视图和花型最小循环单元

织物正面在反针的基础上做连续集圈的效果，连续集圈的个数不宜过多，否则会损坏织针

步骤2 设置安全行。

步骤3 设置牵拉系统，对于CMS ADF 32BW（Upgraded）机型，牵拉系统设置方式为：花型参数—设置—牵拉梳·夹纱—勾选"带入"—选择"Float and Lock_B［16-16］"—应用。

步骤4 设置纱线区域（图6-71），进行纱线区域分配：废纱设置为右侧16号纱嘴，黄色区域设置为右侧3号，红色区域设置为右侧4号。

步骤5 扩展花型（图6-72）。

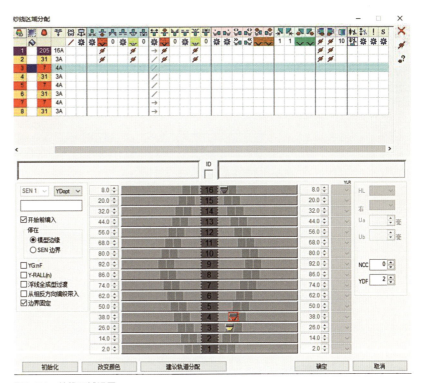

图6-71 纱线区域设置

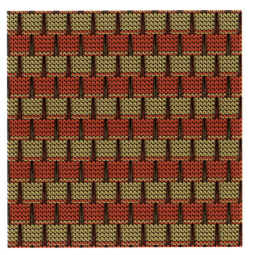

图6-72 扩展花型织物模拟视图

（3）根据以下步骤设置参数。

步骤1 设置线圈长度（图6-73）。

步骤2 设置牵拉系统（图6-74）。

步骤3 设置机速。

步骤4 生成MC程序。

（4）上机织片。

线圈长度表 [jiquan1]

文件(F) 编辑(E) 查看(V) 工具(T) 问号(?)

用过的／常用的　默认值　织可穿

否		NP	PTS	NP E7.2 (10)
1		1	=	8.5
2		2	=	10.0
3		3	=	9.6
9		4	=	10.0
48		5	=	11.9
49		6	=	11.9
68		7	=	11.0
69		8	=	11.0
192		11	=	7.8
70		17	=	12.0
23		20	=	9.0
24		21	=	10.0
25		22	=	11.0
27		24	=	12.0

文件(F) 编辑(E) 查看(V) 工具(T) 问号(?)

否		WBF	操作	值	说明 [中文]	F	U
1		1	WB	3.5	前进	✓	X
5		2	WB	20.0	脱圈30	✓	X
6		3	WB	5.0	脱圈2	✓	X
8		4	WB	0.0	脱圈3	✓	X

图6-74　牵拉系统数值设置

图6-73　线圈长度参数设置

NP1=8.5　罗纹起头前
NP2=10　罗纹空转1.5行
NP3=9.6　1×1罗纹
NP4=10.0　翻针、罗纹过渡大身放松0.4
NP5=11.9　花型前
NP6=11.9　花型后
NP11=7.8　罗纹起头后

三、任务实施

（一）任务布置

集圈组织设计训练，分为课堂训练任务和课后作业任务。课堂训练包括花型设计、纱线选用、机型匹配、程序绘制、上机编织和织物分析6个步骤。课后作业包括该对应织片和数据文件的整理和调研PPT的制作。

（二）任务组织

（1）课堂训练任务：集圈组织织物（图6-66），独立完成。

（2）课后调研任务：完成不同的集圈花型在毛衫中的应用调研，并按照针型与色彩将图片收集整理到本节课后作业PPT中。

（3）课后作业任务：根据课程大作业的任务要求，要求学生设计集圈组织的花型，并上机完成不少于2个不同类别的织物（详见本章"课后作业2"）。

（三）任务准备

结合课程所学知识和技能，在针织集圈组织的面料框架内，明确设计风格，明确纱线预算，明确呈现方法。

（四）任务分析和实施

1. 课堂训练任务

在课堂训练任务中完成"集圈组织织物"，具体可以拆分为设计花型、选用纱线、匹配机型、绘制程序、上机编织和分析织物6个步骤。

（1）设计花型：根据所学的集圈基本组织，设计一款集圈花型面料，通过专业针织编程软件或BMP格式完成点图设计。

（2）选用纱线（表6-7）。

表6-7 所选纱线具体信息

序号	纱线商	成分	支数	色彩及色号	市场单价（元）
1					
2					
…					

　　（3）匹配机型：机器厂商＿＿＿＿＿＿＿＿，机器型号＿＿＿＿＿＿＿＿，针型＿＿＿＿＿＿＿＿。

　　（4）绘制程序：根据所学的集圈组织编程方法，运用专业针织编程软件，完成所设计的"集圈花型设计"的程序。

　　（5）上机编织：运用所选用的纱线，在匹配的机型上将绘制的程序完成上机编织，得到织物。

　　（6）分析织物：分析完成的织物，与设计花型对照，确认其是否达到设计时的想法。并在表6-8中记录织片数据和相关信息。

表6-8 织片数据和相关信息

织物名称		程序名称	
机器型号		针型	
织物下机宽		织物下机高	
织物整理后宽		织物整理后高	
织物拉密			
织物正面照片		织物反面照片	
主要上机参数			

2.课后作业任务

　　（1）通过市场调研和网络搜索了解集圈组织的相关花型，并收集若干具有代表性的面料图片。

　　（2）将调研收集的面料图片按照类别进行分类整理，完成一个"集圈花型"的PPT作业。

　　（3）学习能力强的学生，在调研整理得出的类别中选择不少于2类，各完成不少于1个"集圈花型"的设计和呈现。

本章总结

（1）纬平针组织：这是最基础的针织组织，常用于制作T恤、内衣、运动衣等较薄的产品。重点在于理解纬平针组织的编织原理和织针动作，以及纱线的选择和应用。

（2）罗纹组织：在横向具有更强的延伸度和弹性，常用于服装的弹力部位，如领口、袖口等。设计时需要考虑不同纱线和针型的应用及其对面料质感的影响。

（3）双反面组织：由正面纬平针组织和反面纬平针组织构成，适用于避免卷边性的服装部位或需要纵向弹力的部位。该节强调了对双反面组织编织原理的理解，以及纱线和针型的选择。

（4）集圈组织：在线圈上除封闭的旧线圈外，还有未成圈的悬弧，使其花型变化多样，常用于羊毛衫、T恤衫等。设计时要重视集圈组织的编织原理和纱线的选配关系。

课后作业

（1）分析和比较纬平针组织、罗纹组织、双反面组织和集圈组织的设计原理和技术要求。

（2）设计几种基于这四种组织的针织面料，重点在于理解组织特性及其在实际应用中的影响。

（3）进行市场调研或网络搜索，收集和分析这四种组织的实际应用案例，探讨其在现代针织服装设计中的重要性和应用范围。

思考拓展

（1）本章各小结学习过程探索思考：

1）单面组织是不是所有面料组织结构中最单薄的？

2）根据设计所需要的面料褶皱效果进行不同缩率的纱线的夹色组合。

3）单面结构具有的卷边性，产生的原因和特征。

4）罗纹组织的横向延伸度和弹性与罗纹种类的关系。

5）除了例图中的两类，还有哪些针对针罗纹？与例图中两类的区别是什么？

6）除了例图中的两类，还有哪些针对齿罗纹？与例图中两类的区别是什么？

7）各种不同罗纹之间以及罗纹与纬平针之间是否都可以通过翻针衔接？

8）双反面组织的纵向延伸度和弹性、双反面组织的立体凹凸特性。

9）集圈组织的厚度、弹性与罗纹组织相比如何？

（2）探讨这四种组织在现代针织服装设计中的应用，特别是在创新设计和技术应用方面的潜力。

（3）思考如何将这些传统组织与现代设计理念相结合，以创造具有市场竞争力和创新性的针织服装面料。

课程资源链接

课件

第七章 针织电脑横机面料设计进阶实践

第一节 满针组织的设计实践

一、任务引入

满针组织在前后针床的织针上都有线圈，因此它相较于其他单面花型最大的特点就是厚实保暖，本节任务是运用针织电脑横机进行满针组织的设计实践。

由于满针组织的特性，它常用于秋冬款针织上装、裙装和裤装等的花型结构。

思考：满针组织线圈在针床上的分布情况。

知识目标

（1）了解满针组织的编织原理和织针动作。

（2）了解各类纱线和各种针型在满针组织面料中的应用。

（3）了解各类纱线和针型的选配关系，了解纱线色彩搭配和成分对满针组织面料质感的影响。

能力目标

（1）具备各类满针组织的设计能力。

（2）具备合理搭配纱线材质和纱线色彩的设计能力。

（3）具备各类满针组织的程序编制能力。

（4）具备各类满针组织的上机织造能力。

（5）具备分析满针组织织物的结构和各项参数的能力。

二、任务要素

（一）花型设计

满针组织常见有四平、空转、四平空转以及满针鱼鳞等结构花型。

1. 四平组织

四平组织是满针结构中最常见的花型（图7-1、图7-2），它的前后针床均织满线圈，正、反面织物效果相同。因此，它织物厚实、布面平整，多用于外套类针织。加入弹力丝后会变得挺括有型，可以用于针织衬衫的领子、门襟等部位。

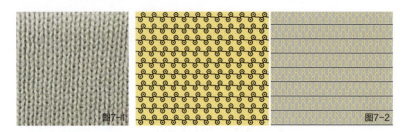

图7-1　四平组织织物

图7-2　四平组织标志视图和工艺视图

2. 空转组织

空转组织是前后针床不连接的满针组织，由不翻针的前、后针床线圈交替编织排列组成（图7-3、图7-4）。其正、反面织物效果相同，横向弹性较小，常用于没有收缩性的衣服下摆、袖口等罗纹部位。同时，由于其中空的特性，也多用作领口、门襟、袖口等部位的包边。

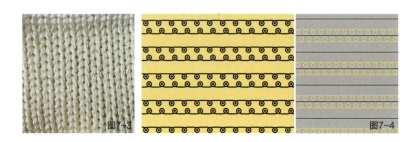

图7-3　空转组织织物

图7-4　空转组织标志视图和工艺视图

3. 四平空转组织

四平空转组织是由一行四平和两行空转交替编织组成（图7-5、图7-6），其正、反面织物效果相同，织物厚实、挺括，横向延伸性小，尺寸稳定性好。由于这两种结构的组合使得织物表面具有横向条状的颗粒感，多用于外套类针织及衬衫的衣领、领座和袖口等硬挺有型的部位。

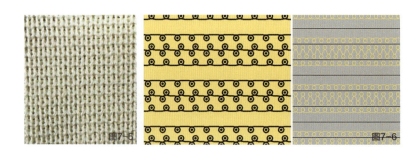

图7-5　四平空转组织织物

图7-6　四平空转组织标志视图和工艺视图

4. 满针鱼鳞组织

满针鱼鳞组织（图7-7、图7-8），是在四平组织的基础上加入集圈结构，由一行前编织后集圈、一行前集圈后编织的织针动作交替完成，织物正、反面效果一样。由于悬弧的存在，织物厚实蓬松，保暖性较好，且横向拉伸性优于四平组织。多用于秋冬款毛衫。

而且，当它和1×1、2×1等收缩的组织结构组合使用时，还会出现荷叶边的效果。

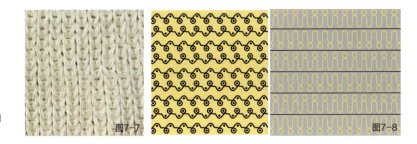

图7-7　满针鱼鳞组织织物

图7-8　满针鱼鳞组织标志视图和工艺视图

（二）纱线组合（图7-9、图7-10）

图7-9　夹色满针鱼鳞组织织物
由于集圈不占用行数，一行蓝色、一行白色相间编织时，织物正面显示一个颜色，反面显示另外一个颜色；同时，集圈的颜色则作为暗纹出现在织物底部

图7-10　图7-9夹色鱼鳞组织所选用纱线
蓝色和白色纱线成分均为95%棉、5%山羊绒

（三）编程织造

1. 织片任务要素

夹色满针鱼鳞组织织物（图7-9）。

2. 实验平台要素

本任务实验平台选用德国STOLL品牌的M1plus针织编程系统和CMS ADF 32BW E7.2机型。

3. 程序编制要素

（1）图7-11为创建一个新花型"夹色满针鱼鳞"的界面。

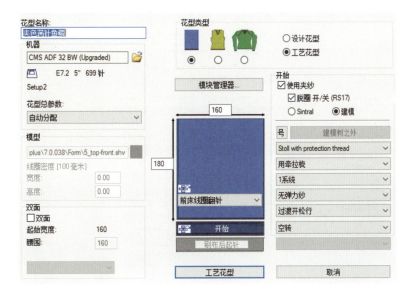

图7-11　创建新花型界面
机器：CMS ADF 32BW（Upgraded）
针距：7.2
花型尺寸：160针×180行
罗纹：空转罗纹

（2）根据以下步骤编辑织物程序。

步骤1 使用M1plus绘制花型（图7-12）。

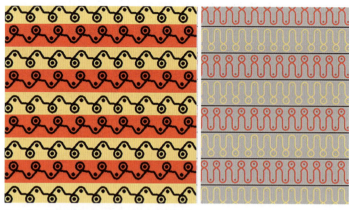

图7-12 夹色满针鱼鳞标志视图和工艺视图

步骤2 设置安全行。

步骤3 设置牵拉系统：对于CMS ADF 32BW（Upgraded）机型，牵拉系统设置方式为：花型参数—设置—牵拉梳·夹纱—勾选"带入"—选择"Float and Lock_B［16-16］"—应用。

步骤4 设置纱线区域（图7-13），进行纱线区域分配：废纱设置为右侧16号纱嘴，黄色区域设置为右侧3号，红色区域设置为右侧4号。

步骤5 扩展花型（图7-14）。

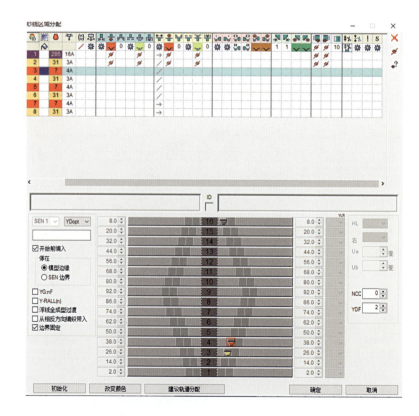

图7-13 纱线区域设置

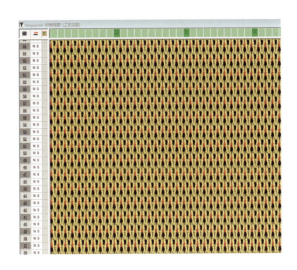

图7-14 扩展花型模拟织物

（3）根据以下步骤设置参数。

步骤1 设置线圈长度（图7-15）。

用过的/常用的		**默认值**	织可穿	
否		NP	PTS	NP E7.2 (10)
1		1	=	9.0
7		2	=	11.8
8		3	=	11.8
48		5	=	10.3
49		6	=	10.3
192		11	=	7.0
70		17	=	12.0
23		20	=	9.0
24		21	=	10.0
25		22	=	11.0
26		23	=	11.5
27		24	=	12.0

图7-15 线圈长度参数设置
NP1=9 罗纹起头前
NP2=11.8 罗纹空转1.5行
NP3=11.8 1×1罗纹
NP5=10.3 花型前
NP6=10.3 花型后
NP11=7 罗纹起头后

步骤2 设置牵拉系统（图7-16）。

文件(F) 编辑(E) 查看(V) 工具(T) 问号 (?)

否		WBF	操作	值	说明 [中文]	F	U
1		1	WB	3.5	前进	☑	X
5		2	WB	20.0	脱圈 30	☑	X
6		3	WB	5.0	脱圈 2	☑	X
8		4	WB	0.0	脱圈 3	☑	X

图7-16 牵拉系统数值设置

步骤3 设置机速（图7-17）。

机速表 [200102-01]

文件(F) 编辑(E) 查看(V) 工具(T) 问号 (?)

否		MSEC		米/秒	说明 [中文]	F	U
6		3	=	0.50	编织 6		X
10		2	=	0.50	默认编织		X
11		0	=	0.50	默认 S0		X
12		1	=	0.50	默认翻针		X
13		D	=	0.50	-		X
14		D	=	0.50	-		X

图7-17 机速系统设置

步骤4 生成MC程序：首先"生成MC程序"，然后"执行Sintral检验"，并在检验页面点击"Start"，最后"导出MC程序"（存入U盘，记住文件所在路径和文件名）。

（4）上机织片：使用对应机型，读取U盘上机文件后上机操作。

三、任务实施

（一）任务要求和布置

满针组织设计训练，分为课堂训练任务和课后作业任务。课堂训练包括设计花型、选用纱线、匹配机型、绘制程序、上机编织和分析织物6个步骤。课后作业包括该对应织片和数据文件的整理和调研PPT的制作。

（二）任务组织

（1）课堂训练任务：夹色满针鱼鳞组织织物（图7-9），独立完成。

（2）课后调研任务：完成各个满针组织类别的调研，并按类别将各织片图片收集整理到本节课后作业PPT中。

（3）课后作业任务：根据课程大作业的任务要求，要求学生运用满针组织细化设计，并上机完成不少于2个不同类别的满针组织织物（详见本章"课后作业2"）。

（三）任务准备

结合课程所学知识和技能，在针织满针组织的织物框架内，明确设计风格，明确纱线预算，明确呈现方法。

（四）任务分析和实施

1. 课堂训练任务

在课堂训练任务中完成"满针组织织物"，具体可以分为设计花型、选用纱线、匹配机型、绘制程序、上机编织和分析织物6个步骤。

（1）设计花型：根据所学的满针组织，设计一款满针花型织物，通过专业针织编程软件或BMP格式完成点图设计。

（2）选用纱线（表7-1）。

表7-1　　　　　　　　　　　所选纱线具体信息

序号	纱线商	成分	支数	颜色及色号	市场单价（元）
1					
2					
...					

（3）匹配机型：机器厂商＿＿＿＿＿＿＿，机器型号＿＿＿＿＿＿＿，针型＿＿＿＿＿＿＿。

（4）绘制程序：根据所学的满针组织编程方法，运用专业针织编程软件，完成所设计的"满针组织织物"的程序。

（5）上机编织：运用所选用的纱线，在匹配的机型上将绘制的程序完成上机编织，得到织物。

（6）分析织物：分析完成的织物，与设计花型对照，确认其是否达到设计时的想法。并在表7-2中记录织片数据和相关信息。

表7-2   **织片数据和相关信息**

织物名称		程序名称	
机器型号		针型	
织物下机宽		织物下机高	
织物整理后宽		织物整理后高	
织物拉密			
织物正面照片		织物反面照片	
主要上机参数			

2. 课后作业任务

（1）通过市场调研和网络搜索了解满针组织类别的相关知识，并收集若干具有代表性的面料图片。

（2）将调研收集的面料图片按照类别进行分类整理，完成一个"满针组织面料分类"的PPT作业。

（3）学习能力强的学生，在调研整理得出的类别中选择不少于2类，各完成不少于1个"满针组织织片"的设计和呈现。

第二节　移圈组织的设计实践

一、任务引入

移圈组织按照单双面可分为单面移圈组织和双面移圈组织，按照花色效应可分为挑孔组织和绞花组织，不同的移圈可以在织物表面形成网眼、凹凸、波浪等不同的肌理效果。本节任务是运用针织电脑横机进行移圈组织的设计实践。

思考：移圈的原理及其与针床横移的关系。

知识目标

（1）了解移圈组织的编织原理和织针动作。

（2）了解各类纱线和各种针型在移圈组织面料中的应用。

（3）了解各类纱线和针型的选配关系，了解纱线色彩搭配和成分对移圈组织面料质感的影响。

能力目标

（1）具备各类移圈组织的设计能力。

（2）具备合理搭配纱线材质和纱线色彩的设计能力。

（3）具备各类移圈组织的程序编制能力。

（4）具备各类移圈组织的上机织造能力。

（5）具备分析移圈组织织物的结构和各项参数的能力。

二、任务要素

（一）花型设计

1. 单面移圈组织

单面移圈组织根据花色效应可分为网眼组织和绞花组织。

（1）网眼组织。有规律排列的、形成网状外观效果的挑孔组织称为网眼组织。在电脑横机操作中，线圈的移动借助针床的移动来完成，单个线圈和多个线圈都可以通过针床左右运动而转移到相邻线圈上。

图7-18、图7-19为单个线圈移圈的基础网眼组织视图及其实物效果图，图7-20、图7-21为单个线圈移圈通过不同的排列和分布形成的变化网眼组织视图及其实物效果图。

图7-18　单个线圈移圈网眼组织（一）标志视图和工艺视图

图7-19　单个线圈移圈网眼组织织物（一）

图7-20　单个线圈移圈网眼组织（二）标志视图和工艺视图

图7-21　单个线圈移圈网眼组织织物（二）

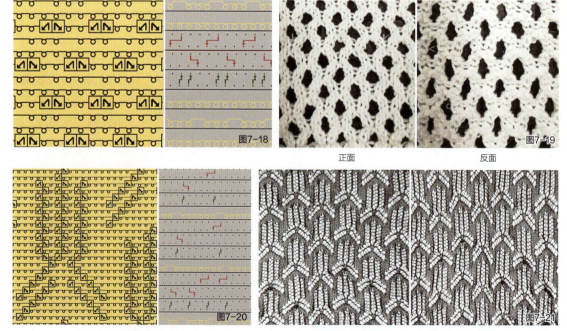

图7-18

图7-19

正面　　　　　　反面

图7-20

图7-21

正面　　　　　　反面

图7-22为整体线圈移圈形成的网眼组织视图。多线圈的移圈除了形成孔洞外，还具有线圈整体偏移的效果，如图7-23织物效果。单个线圈和多个线圈也可以结合使用，从而形成不同的花色效果。

（2）绞花组织。绞花组织是将相邻的两针或多针线圈相互移圈交换位置而形成的花型。

图7-24、图7-25为绞花组织。此绞花组织花型为常见的单面绞花，每组移动的线圈有三个，因此叫3×3绞花，另外还有2×2绞花、3×2绞花、5×5绞花等，不同的绞花根据横移难度的不同有相应的处理方法，当每组移动的线圈数量越多时，难度越大。

图7-26、图7-27为阿兰花组织。移动的线圈有反针参与、并朝着一个方向连续多次交换线圈形成的花型叫阿兰花，由于其周围是反面线圈，因此花型显得立体饱满。

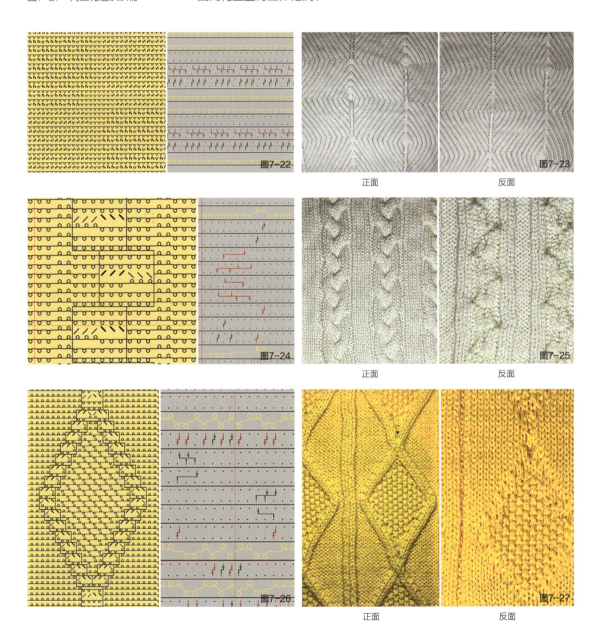

图7-22

图7-23　正面　反面

图7-24

图7-25　正面　反面

图7-26

图7-27　正面　反面

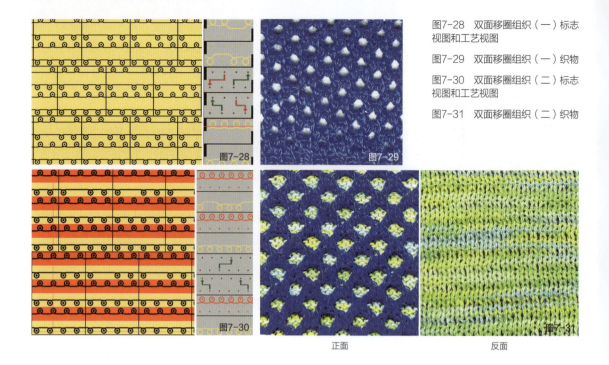

图7-28　双面移圈组织（一）标志视图和工艺视图

图7-29　双面移圈组织（一）织物

图7-30　双面移圈组织（二）标志视图和工艺视图

图7-31　双面移圈组织（二）织物

正面　　　　　　　　　　　　反面

2. 双面移圈组织

在双面移圈组织中，可以将一个针床上的某些线圈移到同一针床的相邻织针上，也可以将一个针床上的线圈移到另一个针床与之相邻的织针上，形成孔眼外观效应。

图7-28、图7-29为双面移圈组织（一）及其织物。该双面移圈织物呈现出完全镂空效应的关键在于要将前、后针床的线圈分别移到其相邻的织针上，此织物是在空转的基础上挑孔的，因此正、反面织物效果一样。由于是双面结构，它会比单面移圈的织物更加厚实饱满。

图7-30、图7-31为双面移圈组织（二）及其织物。双面移圈还可以仅移动一面针床上的线圈。该织物中，蓝色纱线编织前床线圈，黄绿色纱线编织后床线圈，可以将前床线圈移到后床与之相邻的织针上，露出后床的黄绿色纱线。

（二）纱线组合

图7-32为夹色移圈组织的标志视图和工艺视图，图7-33为其对应的

图7-32　夹色移圈组织标志视图和工艺视图

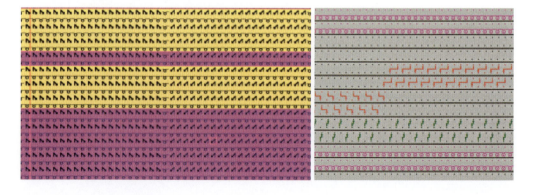

正面	反面

图7-33　夹色移圈组织织物

图7-34　图7-33中织物所选用的纱线（1/60Nm100%涤纶）

织物效果。该组织选用的100%涤纶纱线（图7-34）的弹力较好，结合整体移圈形成夹色的波浪纹花样，营造出比较有趣的视觉效果。

（三）编程织造

1. 织片任务要素

两色绞花组织织物（图7-37）。

2. 实验平台要素

本任务实验平台选用德国STOLL品牌的M1plus针织编程系统和CMS 502 HP+E3.5.2机型。

3. 程序编制要素

（1）图7-35为创建一个新花型"两色绞花组织"的界面。

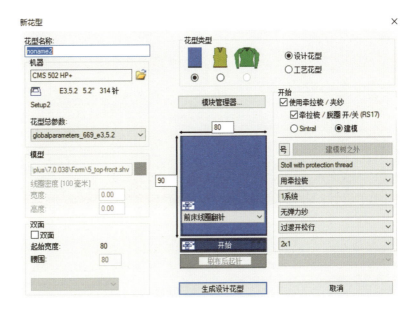

图7-35　创建新花型界面
机器：CMS 502 HP+
针距：3.5.2
花型尺寸：80针×90行
罗纹：2×1罗纹

（2）编辑织物程序。

步骤1　使用M1plus绘制花型（图7-36、图7-37）。

步骤2　设置安全行。

步骤3　设置牵拉系统，对于CMS 502 HP+E3.5.2机型，牵拉系统设置方式为：花型参数—设置—牵拉梳·夹纱—勾选"带入"—选择"浮线和锁定［0-8］"—应用。

步骤4　设置纱线区域（图7-38），进行纱线区域分配。

步骤5　扩展整个花型（图7-39）。

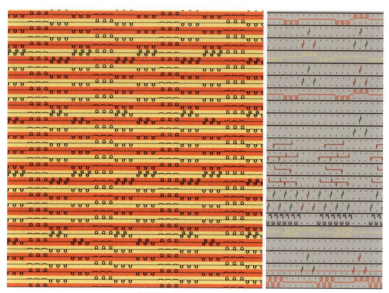

图7-36　两色绞花组织标志视图和工艺视图

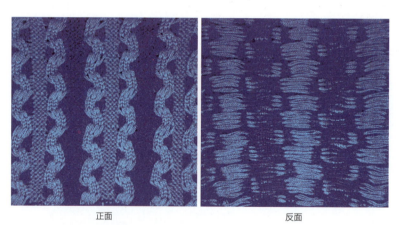

正面　　　　　　　　　　　　反面

图7-37　两色绞花组织织物

该两色绞花组织织物是3×3两色绞花织片，当其中一色在前床编织时，另一色在背后织浮线，形成纵向间色效果；同时通过两组线圈的互相交换位置形成绞花花型。如果横移圈数较多导致线圈偏紧时，可以通过在相应空针上编织线圈再脱圈的方式来放松即将移动的线圈

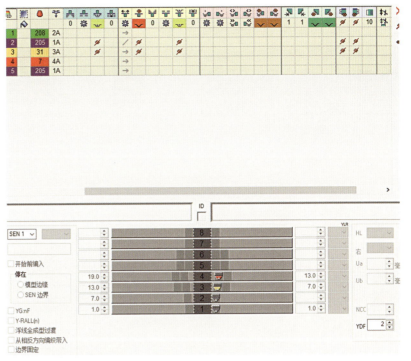

图7-38 纱线区域设置

图7-39 扩展花型模拟织物

（3）根据以下步骤设置参数。

步骤1 设置线圈长度（图7-40）。

步骤2 设置牵拉参数——织物牵拉（图7-41）。

步骤3 设置机速（图7-42）。

否		NP	PTS	NP E3,5.2 (4)
1		1	=	9.0
2		2	=	10.0
4		3	=	10.0
9		4	=	11.0
48		5	=	12.0
49		6	=	12.0

图7-40　主要线圈长度参数设置

NP1=9　起始行

NP2=10　2×1空转

NP3=10.3　2×1

NP4=10.6　翻针、罗纹过渡大身放松0.3

NP5=12　绞花前

NP6=12　绞花后

Np11=7.0　起始行前

否		MSEC		米/秒	说明 [中文]
6		3	=	0.50	编织 6
10		2	=	0.50	默认编织
11		0	=	0.50	默认 S0
12		1	=	0.50	默认翻针
13		D	=	0.50	-
14		D	=	0.50	-
15		D	=	0.50	-

图7-42　机速系统设置

否		WM(N)	WMF	WM	WM最小	WM最	N 最小	N 最大	WMI	WM^	WMC	WM+C	WMK+C	说明 [中文]
1		WMN	1	0.0	1.0	7.0	1	300	3	0	10	20	50	前进
3		WM	5	2.0	0.0	0.0	0	0	0	20	10	10	10	倒转
5		WM	2	3.0	0.0	0.0	0	0	3	0	0	10	10	脱圈 30
6		WM	3	2.0	0.0	0.0	0	0	0	0	0	10	10	脱圈 2
8		WM	4	2.0	0.0	0.0	0	0	0	20	0	10	10	脱圈 3
20		WMN	6	0.0	0.0	2.0	0	0	0	0	10	10	10	放松，结构

图7-41　牵拉参数设置

步骤4　生成MC程序。

（4）上机织片。

三、任务实施

（一）任务要求和布置

移圈组织设计训练，分为课堂训练任务和课后作业任务。课堂训练包括设计花型、选用纱线、匹配机型、绘制程序、上机编织和分析织物6个步骤。课后作业包括该对应织片和数据文件的整理和调研PPT的制作。

（二）任务组织

（1）课堂训练任务：移圈组织织物（图7-37），独立完成。

（2）课后调研任务：完成各个移圈组织细分类别的调研，并按细分类别将各织片图片收集整理到本节课后作业PPT中。

（3）课后作业任务：根据课程大作业的任务要求，要求学生运用移圈组织细化设计，并上机完成不少于2个不同类别的移圈组织织物（详见本章“课后作业2”）。

（三）任务准备

结合课程所学知识和技能，在移圈组织的织物框架内，明确设计风格，明确纱线预算，明确呈现方法。

（四）任务分析和实施

1. 课堂训练任务

在课堂训练任务中完成"移圈组织织物"，具体可以分为设计花型、选用纱线、匹配机型、绘制程序、上机编织和分析织物6个步骤。

（1）设计花型：根据所学的双反面基本组织，设计一款双反面花型织物，通过专业针织编程软件或BMP格式完成点图设计。

（2）选用纱线（表7-3）。

表7-3　　　　　　　　　　**所选纱线具体信息**

序号	纱线商	成分	支数	颜色及色号	市场单价（元）
1					
2					
…					

（3）匹配机型：机器厂商_____，机器型号_____，针型_____。

（4）绘制程序：根据所学的移圈组织编程方法，运用专业针织编程软件，完成所设计移圈组织程序。

（5）上机编织：运用所选用的纱线，在匹配的机型上将绘制的程序完成上机编织，得到织物。

（6）分析织物：分析完成的织物，与设计花型对照，确认其是否达到设计时的想法。并在表7-4中记录织片数据和相关信息。

表7-4　　　　　　　　　　**织片数据和相关信息**

织物名称		程序名称	
机器型号		针型	
织物下机宽		织物下机高	
织物整理后宽		织物整理后高	
织物拉密			
织物正面照片		织物反面照片	
主要上机参数			

2. 课后作业任务

（1）通过市场调研和网络搜索了解移圈组织细分类别的相关知识，并收集若干具有代表性的面料图片。

（2）将调研收集的面料图片按照类别进行分类整理，完成一个"移圈组织面料分类"的PPT作业。

（3）学习能力强的学生，在调研整理得出的类别中选择不少于2类，各完成不少于1个"移圈组织织物"的设计和呈现。

第三节 扳花组织的设计实践

一、任务引入

扳花组织又称为波纹组织，通常会在双面地组织上形成波纹的外观效应，是横机编织的一种典型组织结构。本节任务是运用针织电脑横机进行扳花组织织物的设计实践。由于扳花组织的特性，它常被用于制作卫衣、外套等较厚的产品中，也常用于制作针织裤、半裙等。

思考：以纬平针为地组织做波纹组织，会出现什么样的效果？

知识目标

（1）了解扳花组织的编织原理和织针动作。

（2）了解各类地组织在扳花组织面料中的应用。

（3）了解各类纱线和针型的选配关系，了解纱线色彩搭配和成分对扳花组织面料质感的影响。

能力目标

（1）具备各类扳花组织的设计能力。

（2）具备合理搭配纱线材质和纱线色彩的设计能力。

（3）具备各类扳花组织的程序编制能力。

（4）具备各类扳花组织的上机织造能力。

（5）具备分析扳花组织织物的结构和各项参数的能力。

二、任务要素

（一）花型设计

扳花组织的花型设计按照地组织的不同主要可以分为四平扳花组织、双鱼鳞扳花组织和四平抽条扳花组织三类。

1. 四平扳花组织

四平扳花组织是在四平组织即满针罗纹组织的基础上，进行针床移动形成的花纹组织。针床移动的频率可以是一行移动一次，也可以是一转移动一次，每次可以往一个方向移动一针或两针（图7-43、图7-44）。

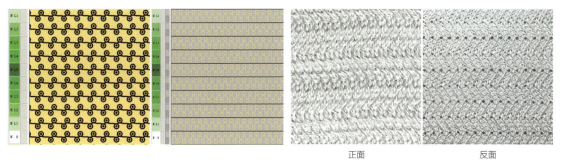

图7-43 四平扳花组织标志视图和工艺视图

四平扳花组织在四平组织基础上，后针床一行移动一次，每次移动一针，连续往一个方向移动五针后，再往反方向移动

图7-44 四平扳花组织织物

四平扳花组织织物正面效果和反面效果均呈现波纹状，其正面线圈倾斜方向与反面线圈倾斜方向相反，反面线圈倾斜方向与后针床横移方向相同

2. 双鱼鳞扳花组织

双鱼鳞扳花组织是在双鱼鳞组织的基础上，通过后针床横移形成的花纹组织（图7-45、图7-46）。

3. 四平抽条扳花组织

四平抽条扳花组织是在四平组织的基础上，将前针床有规律的进行抽针不织，经针床横移后，正面线圈纵行形成波纹的外观效果（图7-47、图7-48）。

思考：在规律的四平抽条扳花组织基础上，可以变化产生哪些不规则的四平抽条扳花组织呢？

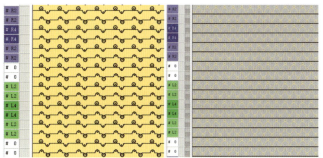

图7-45 双鱼鳞扳花组织标志视图和工艺视图

双鱼鳞扳花组织在双鱼鳞的基础上，每两行移动一次，每次移动两针，先往左移动两次四针后，再往右移动两次四针回到原位，然后往右移动两次四针后、再往左移动两次四针回到原位，以此重复进行

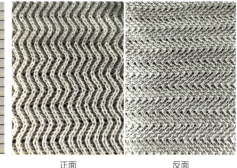

图7-46 双鱼鳞扳花组织织物

双鱼鳞扳花组织织物正面效果和反面效果均呈现波纹状，其正面线圈倾斜方向与反面线圈倾斜方向相反

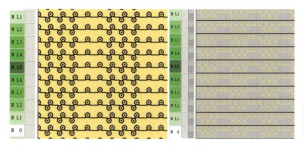

图7-47 四平抽条扳花组织标志视图和工艺视图

在排针时，同一横列上每隔三针四平针就抽掉两针前针床针，不断循环，每个横列的排针相同。后针床每行向左移动一针、移动五次后，再往反方向依次移动至原位，不断重复

图7-48 四平抽条扳花组织织物图

虽然四平抽条扳花组织织物正、反面都有波纹的外观效果，但由于正面存在凹凸效应，所以其波纹外观效应比较明显，比反面要整齐、美观

（二）纱线组合

夹色双鱼鳞扳花组织。夹色双鱼鳞扳花组织是在双鱼鳞扳花组织基础上进行夹色编织的。夹色间距可以是一行，也可以是多行，随着夹色间距的不同，织物的颜色变化也会有所不同（图7-49～图7-51）。

选用的两个颜色白色与墨绿色纱线，都是羊毛混纺纱线，粗细为2/45Nm，成分为6%羊毛20%尼龙20%腈纶54%涤纶。白色与墨绿色分别用两根进线编织。

图7-49　夹色双鱼鳞组织织物选用纱线

图7-50　夹色双鱼鳞扳花组织织物

从图中可以发现，夹色双鱼鳞扳花组织的夹色效果与其他夹色组织有所不同。一般夹色组织形成的颜色纹路多为横条状，织物上下产生颜色分割。而夹色双鱼鳞扳花组织织物正面为白色波纹，织物反面为墨绿色波纹，这是由后针床横移形成的，而织物正面和反面颜色不同是因为双鱼鳞组织本身的织法与其他组织不同

正面　　　　　　　　　　　　　　反面

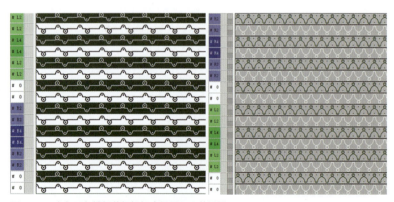

图7-51　夹色双鱼鳞扳花组织标志视图和工艺视图

白色纱线每个横列编织的都是前针床编织、后针床集圈的织针动作，因此白色纱线的线圈在织物正面可以看到，在织物反面看不到。墨绿色纱线每个横列编织的是前针床集圈、后针床编织的织针动作，因此墨绿色纱线在织物正面看不到，而在织物反面可以看到。夹色双鱼鳞扳花组织的排针方式、后针床横移方式与双鱼鳞扳花组织相同

（三）编程织造

1. 织片任务要素

不规则四平抽条扳花组织织物（图7-52）。

| 正面 | 反面 |

图7-52　不规则四平抽条扳花组织织物

2. 实验平台要素

本任务实验平台选用德国STOLL品牌的M1plus针织编程系统和CMS ADF 32BW（Upgraded）E7.2机型的电脑横机。

3. 程序编制要素

（1）图7-53为创建一个新花型"不规则四平抽条扳花组织"的界面。

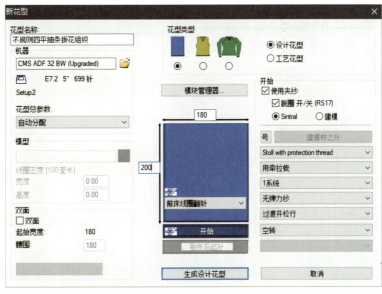

图7-53　不规则四平抽条扳花组织创建新花型界面

机器：CMS ADF 32BW（Upgraded）

针距：7.2

花型尺寸：180针×200行

罗纹：空转罗纹

（2）编辑织物程序。

步骤1 使用M1plus绘制花型（图7-54）。

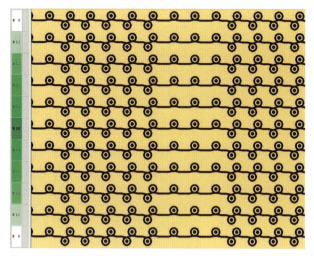

图7-54 不规则四平抽条扳花组织标志视图

不规则四平抽条扳花组织变化较多，在针法排列时，若干列的四平针与若干列的后针床
单面不规则排列在一起，后针床横移功能列在针对齿位置，从0位每行向左移动一针至
L5位，然后从L5位每行向右移动一针至0位，不断重复

步骤2 设置安全行。

步骤3 设置牵拉系统。

步骤4 设置纱线区域（图7-55），进行纱线区域分配：废纱纱线设
置为右侧16号纱嘴，黄色区域纱线设置为左侧3号纱嘴。

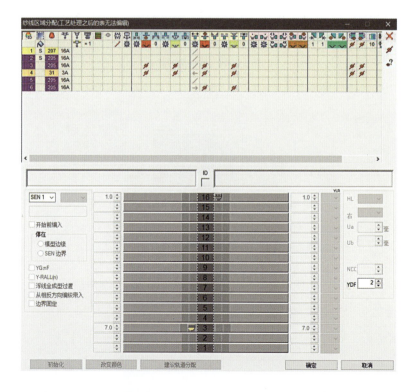

图7-55 纱线区域设置

步骤5 扩展整个花型（图7-56）。

思考：不规则四平扳花组织同一条波纹的移动效果可以不规律吗？

图7-56 不规则四平抽条扳花组织模拟织物

通过软件处理后模拟的不规则四平抽条扳花组织织物正面呈现不规则的波纹效果

（3）根据以下步骤设置参数。

步骤1 设置线圈长度（图7-57）。

否		NP	PTS	NP E7.2 (10)	说明 [中文]
1		1	=	9.0	起始行
7		2	=	11.5	空转循环前
8		3	=	11.5	空转循环后
48		5	=	9.2	四平扳花前
49		6	=	9.6	四平扳花后
192		11	=	7.0	起始行前

图7-57 主要线圈长度参数设置

步骤2 设置牵拉参数——皮带牵拉（图7-58）。

皮带牵拉表 [6-7不规则四平抽条扳花组织]

文件(F) 编辑(E) 查看(V) 工具(T) 问号(?)

否		WBF	操作	值	说明 [中文]
1		1	WB	5.0	前进
5		2	WB	20.0	脱圈 30
8		3	WB	0.0	脱圈 3

图7-58 牵拉参数设置

步骤3 设置机速（图7-59）。

步骤4 生成MC程序。

（4）上机织片。

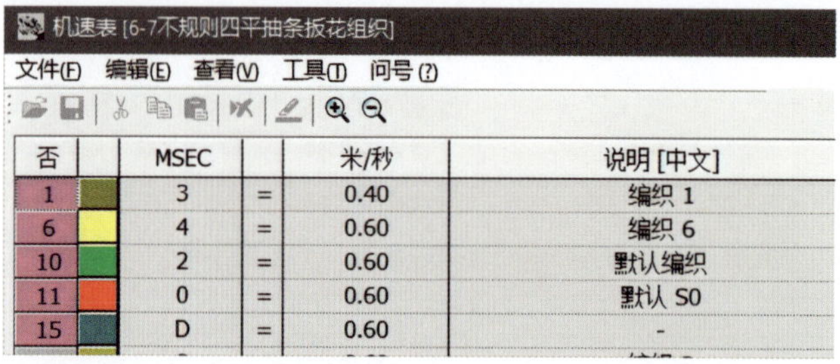

图7-59　机速系统设置

三、任务实施

（一）任务要求和布置

扳花组织设计训练，分为课堂训练任务和课后作业任务。课堂训练包括设计花型、选用纱线、匹配机型、绘制程序、上机编织和分析织物6个步骤。课后作业包括该对应织片和数据文件的整理和调研PPT的制作。

（二）任务组织

（1）课堂训练任务：不规则四平抽条扳花组织织物（图7-52），独立完成。

（2）课后调研任务：完成各种扳花组织细分类别（如四平扳花、双鱼鳞扳花、四平抽条扳花等）的调研，并按细分类别将各织片图片收集整理到本节课后作业PPT中。

（3）课后作业任务：根据课程大作业的任务要求，要求学生运用扳花组织细化设计，并上机完成不少于2个不同类别的扳花组织织物。

（三）任务准备

结合课程所学知识和技能，在针织扳花组织的织物框架内，明确设计风格，明确纱线预算，明确呈现方法。

（四）任务分析和实施

1. 课堂训练任务

在课堂训练任务中完成"不规则四平抽条扳花组织织物"，具体可以分为设计花型、选用纱线、匹配机型、绘制程序、上机编织和分析织物6个步骤。

（1）设计花型：根据所学的扳花组织，设计一款扳花花型织物，通过专业针织编程软件或BMP格式完成点图设计。

（2）选用纱线（表7-5）。

表7-5　　　　　　　　　　所选纱线具体信息

序号	纱线商	成分	支数	颜色及色号	市场单价（元）
1					
2					
…					

（3）匹配机型：机器厂商_____，机器型号_____，针型_____。

（4）绘制程序：根据所学的扳花组织编程方法，运用专业针织编程软件，完成所设计的"不规则四平抽条扳花组织织物"的程序。

（5）上机编织：运用所选用的纱线，在匹配的机型上将绘制的程序完成上机编织，得到织物。

（6）分析织物：分析完成的织物，与设计花型对照，确认其是否达到设计时的想法。并在表7-6中记录织片数据和相关信息。

表7-6   **织片数据和相关信息**

织物名称		程序名称	
机器型号		针型	
织物下机宽		织物下机高	
织物整理后宽		织物整理后高	
织物拉密			
织物正面照片		织物反面照片	
主要上机参数			

2. 课后作业任务

（1）通过市场调研和网络搜索了解扳花组织细分类别的相关知识，并收集若干具有代表性的面料图片。

（2）将调研收集的面料图片按照类别进行分类整理，完成一个"扳花组织面料分类"的PPT作业。

（3）学习能力强的学生，在调研整理得出的类别中选择不少于2类，各完成不少于1个"扳花组织织片"的设计和呈现。

第四节　提花组织的设计实践

一、任务引入

提花组织是将纱线按花纹要求垫放在所选择的某些织针上编织成圈；而未垫放纱线的织针不成圈，纱线呈浮线状留在这些不参加编织的织针后面，所形成的一种花色组织。本节任务是运用针织电脑横机进行提花组织织物的设计实践。

提花组织通常使用两种及两种以上色纱进行编织形成花纹图案，多种纱线交织且织物较厚。提花组织可以用于羊毛衫、风衣、外套等服装，也可以用于沙发坐垫、抱枕等室内装饰产品。

思考：提花组织是否可以织很多颜色的提花图案？

知识目标

（1）了解提花组织的结构特点和分类。

（2）了解提花组织的编织原理和织针动作。

（3）了解各类提花组织及其面料的特性和用途。

（4）了解各类纱线和针型的选配关系，了解各类纱线颜色和成分对提花组织面料质感的影响。

能力目标

（1）具备各类提花组织的设计能力。

（2）具备合理搭配纱线材质和纱线色彩的设计能力。

（3）具备各类提花组织的程序编制能力。

（4）具备各类提花组织的上机织造能力。

（5）具备分析提花组织织物的结构和各项参数的能力。

二、任务要素

（一）花型设计

提花组织可以分为单面提花组织和双面提花组织。

1. 单面提花组织

单面提花组织是在单面组织的基础上，由多根纱线编织平针线圈和浮线形成的一种花色组织。单面提花组织按照平针线圈和浮线结构是否均匀，可以分为单面均匀提花组织和单面不均匀提花组织。

（1）单面均匀提花组织（图7-60、图7-61）。单面均匀提花组织通常采用多色纱线编织，编织区域内的织针在每个横列的编织次数都为一次。

两色单面均匀提花设置方法：设计好格纹图案后，全选格纹图案，在"编辑"下拉选项中选择"生成或编辑提花"，然后在"提花"页面中选择"浮线"模块，如图7-62所示。

思考：单面均匀浮线提花的图案设计时应注意哪些问题？

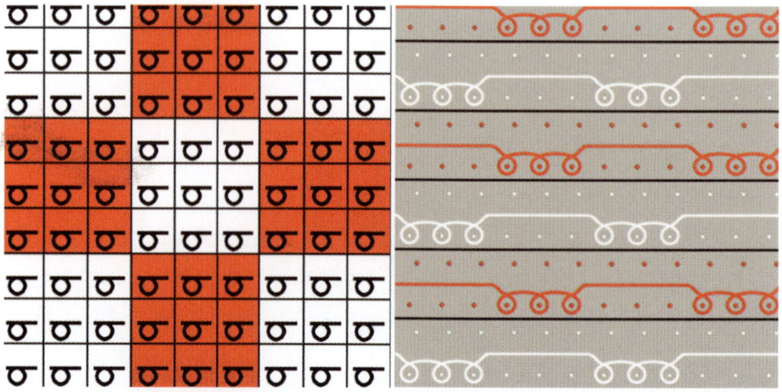

图7-60　两色单面均匀提花组织标志视图和工艺视图

此图案由白色与红色方格交错排列，每个白色方格与红色方格都由9个小方格组成。工艺视图反映该组织在编织时，白色纱线与红色纱线各编织一行工艺行而形成一行花型行。图案为白色区域时，白色纱线编织平针线圈，红色线圈拉浮线；图案为红色区域时，红色纱线编织平针线圈，白色纱线拉浮线

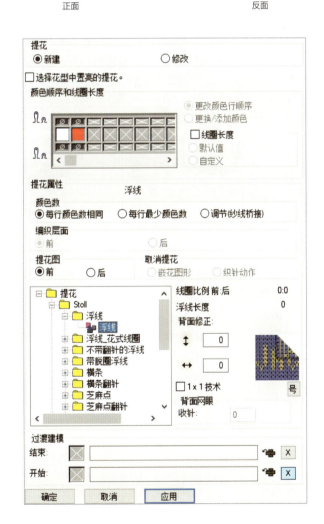

图7-61 两色单面均匀提花组织
织物
织物正面为设计的红白交错排列的方格图
案，反面为浮线。当织物正面为白色图案
时，织物反面为红色浮线；当织物正面为
红色图案时，织物反面为白色浮线

正面　　　　　　　　　反面

图7-62 两色单面均匀提花设置

（2）单面不均匀提花组织（图7-63、图7-64）。单面不均匀提花组织由于某些织针连续几个横列不编织，会形成拉长的线圈效果。

2. 双面提花组织

双面提花组织是在前、后针床共同编织而成的，可以在织物一面或两面形成花纹。按照织物反面效果的不同，通常可以将双面提花组织分为空气层提花、芝麻点提花和横条提花等类别。

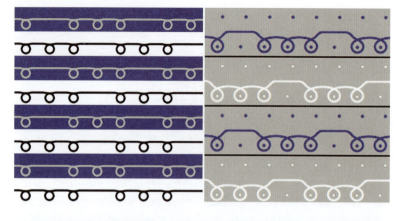

图7-63 两色单面不均匀提花组织标志视图与工艺视图

图中从左往右数第1列和第3列线圈纵行的织针每一工艺行都编织平针线圈；第二列线圈纵行的织针只有白色纱线编织平针线圈，蓝色纱线拉浮线；第四列线圈纵行的织针只有蓝色纱线编织平针线圈，白色纱线拉浮线。以此四个线圈纵行作为循环节，不断重复

正面　　　　　　　　　　反面

图7-64 两色单面不均匀提花组织织物

织物一列线圈正反面都是白色与蓝色上下交错，对应图7-63标志视图中的第1和第3列线圈纵行；一列线圈正面为拉长的白色线圈，反面为蓝色浮线，对应图7-63标志视图中的第2列线圈纵行；还有一列线圈正面为拉长的蓝色线圈，反面为白色浮线，对应图7-63标志视图中的第4列线圈纵行

（1）空气层提花组织。空气层提花组织，前针床按照花纹出针编织对应颜色的纱线，相应区域除前针床编织的纱线外，其他纱线均在后针床按一定规律编织（图7-65、图7-66）。

两色空气层提花设置方法：在"导入基础花型"页面设计好菱形图案后，全选菱形图案，在"编辑"下拉选项中选择"生成或编辑提花"，然后在"提花"页面中选择"网络"模块，如图7-67所示。

（2）芝麻点提花组织。芝麻点提花组织织物的反面是所有色纱按一定规律交错点状分布的线圈，织物正面按照设计花纹要求出针编织（图7-68、图7-69）。

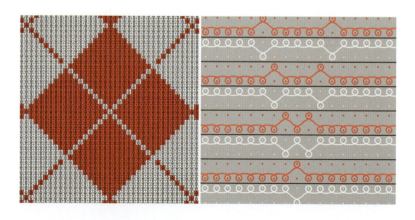

图7-65 两色空气层提花组织标志视图和工艺视图

标志视图中设计的图案为白色与红色组成的菱形格纹。相应的工艺视图中为两色空气层提花组织织针动作，当白色编织前针床平针线圈时，红色编织后针床平纹线圈；当红色编织前针床平针线圈时，白色编织后针床平纹线圈

正面　　　　　　　　　反面

图7-66　两色空气层提花组织织物

织物正面与反面图案相同，颜色相反，大色块区域织物正面与反面可以拉开分离

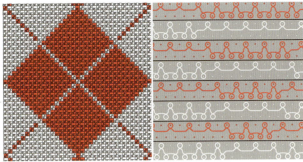

图7-68　两色芝麻点提花组织标志视图和工艺视图

标志视图中设计的图案为白色与红色组成的菱形格纹。相应的工艺视图为两色芝麻点提花组织针动作，前针床按照花纹颜色选针编织对应颜色的纱线，后针床是白色和红色纱线一隔一交错编织

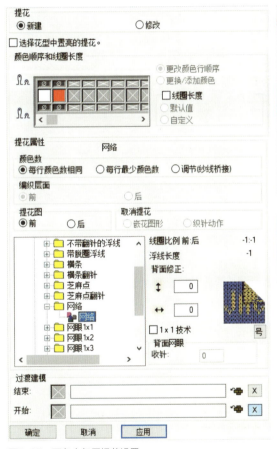

图7-67　两色空气层提花设置

A正面　　　　　　　　　A反面

B正面　　　　　　　　　B反面

图7-69　两色色芝麻点提花组织织物A、B

织物A正面显示白色与红色排列的菱形图案，反面红色线圈与白色线圈呈点状一隔一交错排列。织物B图案同样为两色芝麻点结构，且与织物A为同一程序编织，但由于采用了不同的纱线组合（蓝色毛类纱线和透明鱼丝）使得视觉效果十分不同；并且由于纱线缩率的改变，原本长条型的菱形图案变成了扁胖的菱形。因此，在提花类组织结构中要特别注意织片横向和纵向缩率对图案形变的影响

　　　　两色芝麻点提花设置方法：在"导入基础花型"页面设计好菱形图案后，全选菱形图案，在"编辑"下拉选项中选择"生成或编辑提花"，然后在"提花"页面中选择"芝麻点"模块，如图7-70所示。

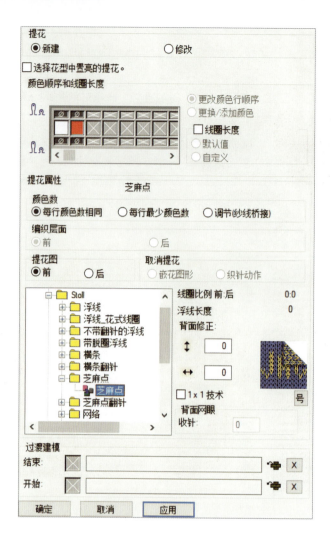

图7-70　两色芝麻点提花设置

（3）横条提花组织。横条提花组织织物反面所有色纱呈现规律的横条状，织物正面按照设计花纹要求出针编织（图7-71、图7-72）。

两色横条提花设置方法：在"导入基础花型"页面设计好菱形图案后，全选菱形图案，在"编辑"下拉选项中选择"生成或编辑提花"，然后在"提花"页面中选择"横条"模块，如图7-73所示。

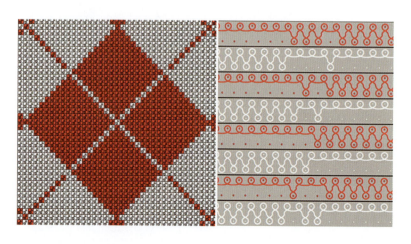

图7-71　两色横条提花组织标志视图和工艺视图

标志视图中设计的图案为白色与红色组成的菱形格纹。相应的工艺视图中为两色横条提花组织织针动作，前针床按照花纹颜色选针编织对应颜色的纱线，后针床是白色纱线与红色纱线全出针编织

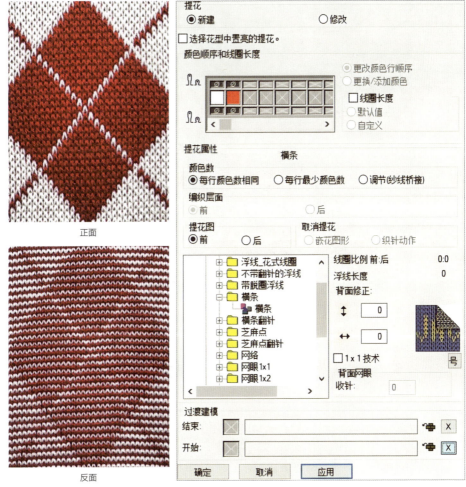

正面

反面

图7-72 两色横条提花组织织物

织物正面显示白色与红色排列的菱形图案，反面是白色纱线与红色纱线呈现横条状交错排列

图7-73 两色横条提花设置

（二）纱线组合

（1）花式纱线组合的芝麻点提花组织织物（图7-74、图7-75）。

（2）不同缩率纱线组合的空气层提花组织（图7-76、图7-77）。

思考：如果蓝色羊毛混纺纱线换成透明丝纱线，与弹力纱线组合织成的两色空气层提花织物又会产生什么样的变化呢？

（a）白色蝴蝶纱　　　　　　　（b）浅蓝色马海毛　　　　　　　（c）深蓝色马海毛

图7-74 三色芝麻点提花织物使用纱线

浅灰色为蝴蝶纱线，成分为100%尼龙，粗细为1/5Nm；浅蓝色和深蓝色纱线的成分都为43%腈纶、30%尼龙、20%羊毛、7%马海毛，粗细都为1/13Nm

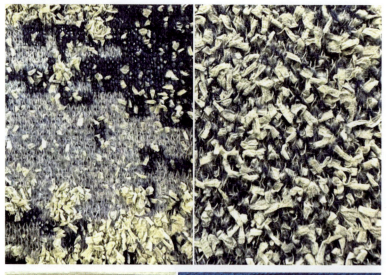

图7-75　花式纱线组合的芝麻点提花组织织物

三色芝麻点提花组织织物，使用图7-74中三种颜色纱线在7针电脑横机上编织完成。织物正面的浅蓝色和深蓝色纱线区域相对平整，有些许蝴蝶纱线漏出；浅灰色蝴蝶纱线区域则相对有些凸起且表面漏出蝴蝶纱线上的"毛羽"；织物正面除了三种纱线的颜色变化外，织物的立体肌理效果也非常明显。织物反面为三种纱线点状交错排列

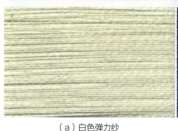（a）白色弹力纱　　　　　（b）蓝色羊毛混纺纱线

图7-76　不同缩率的纱线组合

白色为弹力纱线，成分为89%尼龙11%氨纶，粗细为1/57Nm；蓝色为羊毛混纺纱线，成分为55%尼龙、20%涤纶、16%腈纶、9%羊毛，粗细为2/28Nm

图7-77　不同缩率纱线组合的空气层提花组织织物

两色空气层提花组织织物，使用图7-77中弹力纱线和羊毛混纺纱线在7针电脑横机上编织完成。织物正面为蓝色圆形排列的图案，反面与正面图案相同、颜色相反。由于空气层提花组织的特点，再加上白色纱线为弹力纱线，导致织物正面和反面的蓝色纱线区域凸起，形成较强的凹凸肌理，让织物肌理更加丰富

正面　　　　　　　　　　　　　反面

（三）编程织造

1. 织片任务要素

两色空气层提花组织织物（图7-77）。

2. 实验平台要素

本任务实验平台选用M1plus针织编程系统和CMS ADF 32BW（Upgraded）E7.2机型的电脑横机。

3. 程序编制要素

（1）图7-78为创建一个新花型"两色空气层提花组织"的界面。

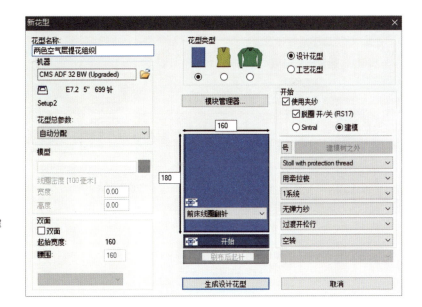

图7-78 两色空气层提花组织创建
新花型界面

机器：CMS ADF 32BW（Upgraded）
针距：7.2
花型尺寸：160针×180行
罗纹：空转罗纹

图7-79 两色空气层提花组织标志
视图

（2）编辑织物程序。

步骤1 使用M1plus绘制花型，如图7-79所示。其设置方式为：全选提花图案区域，在"编辑"下拉选项中选择"生成或编辑提花"，然后在"提花"页面中选择"网络"模块。

步骤2 设置安全行。

步骤3 设置牵拉系统。

步骤4 设置纱线区域（图7-80），进行纱线区域分配：废纱纱线设置为右侧16号纱嘴，黄色区域弹性纱线设置为左侧3号纱嘴，蓝色区域羊毛混纺纱线设置为左侧4号纱嘴。

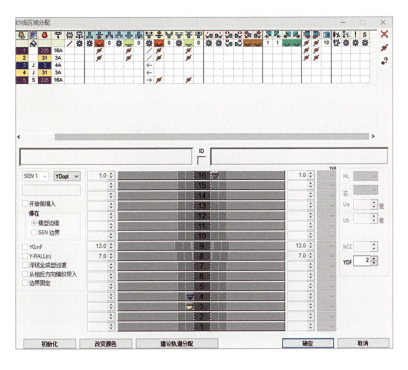

图7-80 纱线区域设置

步骤5 扩展整个花型（图7-81）。

（3）根据以下步骤设置参数。

步骤1 设置线圈长度（图7-82）。

否		NP	PTS	NP E7.2 (10)	说明 [中文]
1		1	=	9.0	起始行
7		2	=	12.0	空转循环前
8		3	=	12.0	空转循环后
9		4	=	12.0	放松行
48		5	=	12.0	2色空气层提花前
49		6	=	12.0	2色空气层提花后

图7-82 主要线圈长度参数设置

步骤2 设置牵拉参数——皮带牵拉。

步骤3 设置机速。

步骤4 生成MC程序。

（4）上机织片。

图7-81 两色空气层提花组织模拟织物

三、任务实施

（一）任务要求和布置

提花组织设计训练，分为课堂训练任务和课后作业任务。课堂训练包括设计花型、选用纱线、匹配机型、绘制程序、上机编织和分析织物6个步骤。课后作业包括该对应织片和数据文件的整理和调研PPT的制作。

（二）任务组织

（1）课堂训练任务：两色空气层提花组织织物（图7-77），独立完成。

（2）课后调研任务：完成各种提花组织细分类别（如单面提花、芝麻点提花、空气层提花、横条提花等）的调研，并按细分类别将各织片图片收集整理到本节课后作业PPT中。

（3）课后作业任务：根据课程大作业的任务要求，要求学生运用提花组织细化设计，并上机完成不少于2个不同类别的提花组织织物。

（三）任务准备

结合课程所学知识和技能，在针织提花组织的织物框架内，明确设计风格，明确纱线预算，明确呈现方法。

（四）任务分析和实施

1. 课堂训练任务

在课堂训练任务中完成"两色空气层提花组织织物"，具体可以分为设计花型、选用纱线、匹配机型、绘制程序、上机编织和分析织物6个步骤。

（1）设计花型：根据所学的提花组织，设计一款提花花型织物，通过专业针织编程软件或BMP格式完成点图设计。

（2）选用纱线（表7-7）。

表7-7 　　　　　　　　　　　**选用纱线具体信息**

序号	纱线商	成分	支数	颜色及色号	市场单价（元）
1					
2					
…					

（3）匹配机型：机器厂商＿＿＿＿＿＿，机器型号＿＿＿＿＿＿，针型＿＿＿＿＿＿。

（4）绘制程序：根据所学的提花组织编程方法，运用专业针织编程软件，完成所设计的"两色空气层提花组织织物"的程序。

（5）上机编织：运用所选用的纱线，在匹配的机型上将绘制的程序完成上机编织，得到织物。

（6）分析织物：分析完成的织物，与设计花型对照，确认其是否达到设计时的想法。并在表7-8中记录织片数据和相关信息。

表7-8 　　　　　　　　　　　**织片数据和相关信息**

织物名称		程序名称	
机器型号		针型	
织物下机宽		织物下机高	
织物整理后宽		织物整理后高	
织物拉密			

织物正面照片	织物反面照片

主要上机参数

2. 课后作业任务

（1）通过市场调研和网络搜索了解提花组织细分类别的相关知识，并收集若干具有代表性的织物图片。

（2）将调研收集的织物图片按照类别进行分类整理，完成一个"提花组织面料分类"的PPT作业。

（3）学习能力强的学生，在调研整理得出的类别中选择不少于2类，各完成不少于1个"提花组织织片"的设计和呈现。

第五节　嵌花组织的设计实践

一、任务引入

嵌花组织又称为无虚线提花组织，是把不同颜色单独编织的色块连接起来形成的一种色彩花式织物。本节任务是运用针织电脑横机进行嵌花组织织物的设计实践。

嵌花组织编织时通常会使用多个导纱器，每种色纱的导纱器只在自己的颜色区域内垫纱编织。嵌花组织的图案纹路清晰，用纱量相对较少，通常用于高档毛衫或围巾等配饰中。

思考：嵌花组织编织时，不同色块的边缘是如何连接的呢？

知识目标

（1）了解嵌花组织的结构特点和分类。

（2）了解嵌花组织的编织原理和织针动作。

（3）了解各类嵌花组织及其面料的特性和用途。

（4）了解各类纱线和针型的选配关系，了解各类纱线颜色和成分对嵌花组织面料质感的影响。

能力目标

（1）具备各类嵌花组织的设计能力。

（2）具备合理搭配纱线材质和纱线色彩的设计能力。

（3）具备各类嵌花组织的程序编制能力。

（4）具备各类嵌花组织的上机织造能力。

（5）具备分析嵌花组织织物的结构和各项参数的能力。

二、任务要素

（一）花型设计

嵌花组织可以分为单面嵌花组织、双面嵌花组织和嵌花提花组织。

1. 单面嵌花组织

图7-83、图7-84为单面嵌花组织示例。

2. 双面嵌花组织

双面嵌花组织是指在双面组织基础上嵌花编织的组织纹样，通常有四平嵌花组织、2×1罗纹嵌花组织和双罗纹嵌花组织等。图7-85、图7-86为四平嵌花组织示例。

3. 嵌花提花组织

嵌花提花组织又称为局部提花组织，通常是在纬平针组织基础上局部

嵌入提花组织的花色组织，局部嵌入的提花组织通常为网眼1×1提花组织
（图7-87、图7-88）。

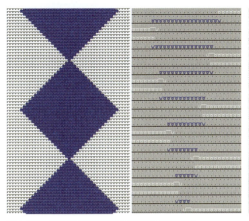

图7-83 单面嵌花组织标志视图和工艺视图

标志视图描绘的是菱形图案，组织结构为纬平针组织。相应的工艺视图
为单面菱形格嵌花的织针动作，左边白色纱线只在菱形格左边白色区域
编织，蓝色纱线只在菱形格区域内编织，右边白色纱线只在菱形格右边
白色区域编织。在不同色块的边缘，通过集圈来连接相邻的两个区域

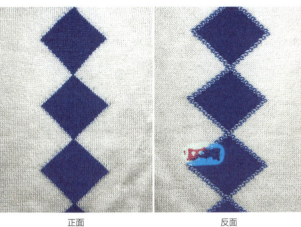

正面　　　　　　　　　　　反面

图7-84 单面嵌花组织织物

织物整体为纬平针组织，较为轻薄。织物正面和反面都呈现菱形格图案，但是织物正面色
块交界处较为干净整齐，而反面色块交界处的色块则比较模糊，存在两个颜色交叉的情况

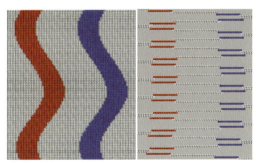

图7-85 四平嵌花组织标志视图和工艺视图

标志视图中，红色与蓝色曲线将织片分为五个编织区域，都编织四平组
织。工艺视图为该四平嵌花组织的织针动作，五个区域的纱线分别在各
自的区域内编织四平组织，色块边缘交界则通过集圈相互连接。编织过
程中，机头行进方向的区域最先编织，然后依次向后，比如当机头从左
往右编织时，最右边区域的纱线最先编织，然后左侧区域依次编织

正面　　　　　　　　　　　反面

图7-86 四平嵌花组织织物

织物相对较厚，用纱量较多。织物正面和反面的外观效应都为设计的红色和蓝色流线
型线条

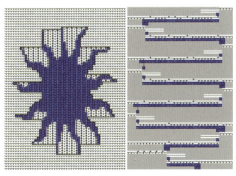

图7-87 提花嵌花组织标志视图和工艺视图

标志视图中设计了一个蓝色图案，并框选蓝色图案区域，在"生成
或者编辑提花"页面设置"网眼1×1"。工艺视图为该嵌花提花组
织针动作，图案四周为白色纱线编织的纬平针组织，图案区域为
白色纱线与蓝色纱线编织的网眼1×1提花组织，蓝色纱线只在嵌入
的图案区域编织

正面　　　　　　　　　　　反面

图7-88 提花嵌花组织织物

织物正面为蓝色图案，反面的图案区域为提花组织，图案四周为纬平针组织，图案最下方和
最上方有一根蓝色纱线分别为编织带进和编织带出纱线，后期可以剪断并做藏线头处理

（二）纱线组合

不同种类纱线组合的单面嵌花组织织物（图7-89、图7-90）

（a）超柔羊毛混纺纱线　　　　　　（b）1.3cm仿貂毛纱线　　　　　　（c）透明丝纱线

图7-89　单面嵌花组织织物选用的不同种类纱线

白色为超柔羊毛混纺纱线，成分为55%尼龙、20%尼龙、16%腈纶、9%羊毛，粗细为2/28Nm；绿色纱线为仿貂毛纱线，成分为100%锦纶；蓝色纱线为透明丝纱线，成分为55%尼龙、45%涤纶，粗细为1/80Nm

正面　　　　　　　　　　　　　　反面

图7-90　不同种类纱线组合的单面嵌花组织织物

织物正面与反面图案相同，但由于使用纱线不同，不同纱线区域也呈现不同的效果。透明丝纱线较细且较为光滑，因此蓝色透明丝区域有一种薄透的效果；绿色仿貂毛纱线有毛羽，因此绿色仿貂毛区域的表面有一层微微凸起的绒毛。通过不同种类纱线有机组合，织物的肌理效果更加丰富多变

（三）编程织造

1. 织片任务要素

不同纱线组合单面嵌花组织织物（图7-90）。

2. 实验平台要素

本任务实验平台选用德国STOLL品牌的M1plus针织编程系统和CMS ADF 32BW（Upgraded）E7.2机型的电脑横机。

（1）图7-91为创建一个新花型"不同纱线组合单面嵌花组织"的界面。

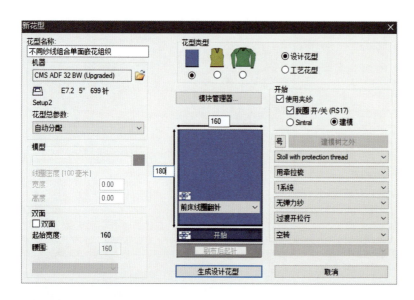

图7-91　创建新花型界面

机器：CMS ADF 32BW（Upgraded）

针距：7.2

花型尺寸：160针×180行

罗纹：空转罗纹

图7-92　不同种类纱线组合的单面嵌花组织标志视图

该单面嵌花组织中有两列菱形，两列菱形将织物分为五个区域：左边白色区域，左边绿色菱形区域，中间白色区域，右边蓝色菱形区域，右边白色区域

图7-94　不同种类纱线组合的单面嵌花组织模拟织物

（2）编辑织物程序。

步骤1　使用M1plus绘制花型（图7-92）。

步骤2　设置安全行。

步骤3　设置牵拉系统。

步骤4　设置纱线区域（图7-93），进行纱线区域分配。

步骤5　扩展整个花型（图7-94）。

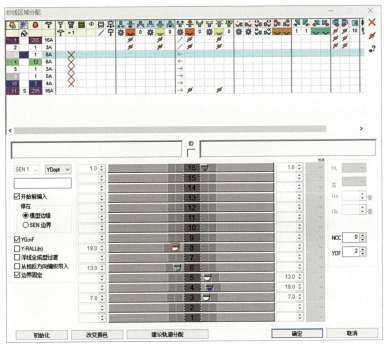

图7-93　纱线区域设置

（3）根据以下步骤设置参数。

步骤1　设置线圈长度（图7-95）。

否		NP	PTS	NP E7.2 (10)	说明 [中文]
1		1	=	9.0	起始行
7		2	=	11.0	空转循环前
8		3	=	11.0	空转循环后
9		4	=	11.5	放松行
48		5	=	9.0	单面平针结构前
49		6	=	9.0	单面平针结构后
68		7	=	10.0	默认前
69		8	=	10.0	默认后
192		11	=	7.0	起始行前

图7-95　主要线圈长度参数设置

步骤2　设置牵拉参数—皮带牵拉。

步骤3　设置机速。

步骤4　生成MC程序。

（4）上机织片。

三、任务实施

（一）任务要求和布置

嵌花组织设计训练，分为课堂训练任务和课后作业任务。课堂训练包括设计花型、选用纱线、匹配机型、绘制程序、上机编织和分析织物6个步骤。课后作业包括该对应织片和数据文件的整理和调研PPT的制作。

（二）任务组织

（1）课堂训练任务：嵌花组织织物（图7-90），独立完成。

（2）课后调研任务：完成各种嵌花组织细分类别（如单面嵌花、双面嵌花、提花嵌花等）的调研，并按细分类别将各织片图片收集整理到本节课后作业PPT中。

（3）课后作业任务：根据课程大作业的任务要求，要求学生运用提花组织细化设计，并上机完成不少于2个不同类别的提花组织织物。

（三）任务准备

结合课程所学知识和技能，在针织嵌花组织的织物框架内，明确设计风格，明确纱线预算，明确呈现方法。

（四）任务分析和实施

1. 课堂训练任务

在课堂训练任务中完成"嵌花组织织物"，具体可以分为设计花型、选用纱线、匹配机型、绘制程序、上机编织和分析织物6个步骤。

（1）设计花型：根据所学的提花组织，设计一款提花花型织物，通过专业针织编程软件或BMP格式完成点图设计。

（2）选用纱线（表7-9）。

表7-9　　　　　　　　　　选用纱线具体信息

序号	纱线商	成分	支数	颜色及色号	市场单价（元）
1					
2					
...					

（3）匹配机型：机器厂商＿＿＿＿＿＿＿，机器型号＿＿＿＿＿＿＿，针型＿＿＿＿＿＿。

（4）绘制程序：根据所学的提花组织编程方法，运用专业针织编程软件，完成所设计的"嵌花组织织物"的程序。

（5）上机编织：运用所选用的纱线，在匹配的机型上将绘制的程序完成上机编织，得到织物。

（6）分析织物：分析完成的织物，与设计花型对照，确认其是否达到设计时的想法。并在表7-10中记录织片数据和相关信息。

织物名称		程序名称	
机器型号		针型	
织物下机宽		织物下机高	
织物整理后宽		织物整理后高	
织物拉密			
织物正面照片		织物反面照片	
主要上机参数			

2. 课后作业任务

（1）通过市场调研和网络搜索了解嵌花组织细分类别的相关知识，并收集若干具有代表性的织物图片。

（2）将调研收集的织物图片按照类别进行分类整理，完成一个"嵌花组织面料分类"的PPT作业。

（3）学习能力强的学生，在调研整理得出的类别中选择不少于2类，各完成不少于1个"嵌花组织织片"的设计和呈现。

第六节　局部编织的设计实践

一、任务引入

局部编织又叫楔形编织，是针织服装面料设计中常用的一种编织方法，是指在编织过程中，一部分织针不参与工作，另一部分织针正常工作，由于纵向行数编织不均匀而形成高度不一的变化效果。这种针床握持线圈编织的方式，不仅可以形成一些独特的花型效果，还在毛衫的一些关键部位如肩斜、领圈的成型和针织百褶裙等版型设计上具有广泛的用途。

思考：局部编织与其他组织结构如何进行组合设计？

知识目标

（1）了解局部编织的原理。

（2）了解各类纱线和各种针型在局部编织织物中的应用。

（3）了解各类纱线和针型的选配关系，了解纱线色彩搭配和成分对局部编织花型质感的影响。

能力目标

（1）具备各类局部编织花型的设计能力。

（2）具备合理搭配纱线材质和纱线色彩的设计能力。

（3）具备各类局部编织花型的程序编制能力。

（4）具备各类局部编织花型的上机织造能力。

（5）具备分析局部编织织物的结构和各项参数的能力。

二、任务要素

（一）花型设计

以图7-96、图7-97为例来进行分析。

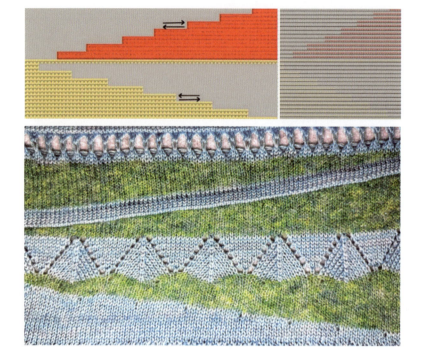

图7-96　局部编织花型的标志视
图和工艺视图

由于纵向行数编织的不均匀造成织物呈现
出楔形效果，采用两种不同颜色的纱线有
助于分辨局部编织的分界部分

图7-97　局部编织花型织物正面

局部编织也可以结合其他，如移圈、集圈
等组织形成丰富的结构。在版型绘制时需
注意机头方向以及局部编织的高度问题，
如图7-97所示的黑色箭头，若方向错误则
会导致纱嘴以浮线形式带进带出，从而损
坏布片；若局部编织行数过高，则会使得
编织的部分线圈堆积、没有编织的部分由
于长时间悬挂而破烂损坏

（二）组合设计（图7-98、图7-99）

如图7-98所示，织物中共有六种颜色纱线，并结合正反针、移圈挑孔
组织形成花型。在编织过程中，每个颜色的局部编织都要注意机头方向。

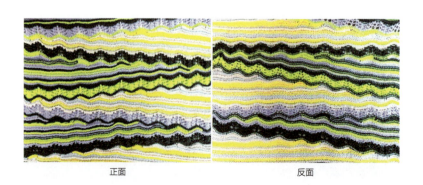

正面　　　　　　　　　　反面

图7-98　夹色局部编织织物

图7-99 夹色局部编织选用纱线
纱线粗细均为1/24,成分均为89%粘胶、11%尼龙

(三)编程织造

1. 织片任务要素

夹色局部编织织物(图7-98)。

2. 实验平台要素

本任务实验平台选用德国STOLL品牌的M1plus针织编程系统和CMS ADF 32BW E7.2机型。

3. 程序编制要素

(1)图7-100为创建一个新花型"夹色局部编织"的界面。

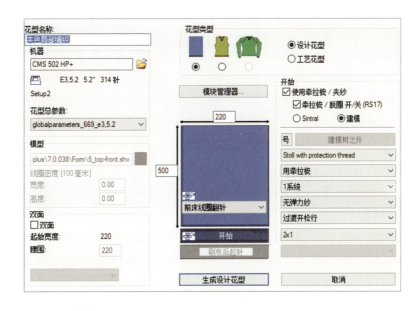

图7-100 创建新花型界面
机器: CMS 502 HP+
针距: 3.5.2
花型尺寸: 220针×500行
罗纹: 2×1罗纹

(2)编辑织物程序。

步骤1 使用M1plus绘制花型(图7-101)。

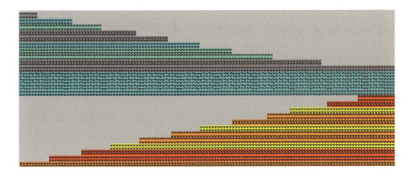

图7-101 夹色局部编织标志视图

步骤2 设置安全行。

步骤3 设置牵拉系统。

步骤4 设置纱线区域（图7-102），进行纱线区域分配：废纱设置为右侧16号纱嘴，左边和右边分别排三把不同颜色的纱嘴。

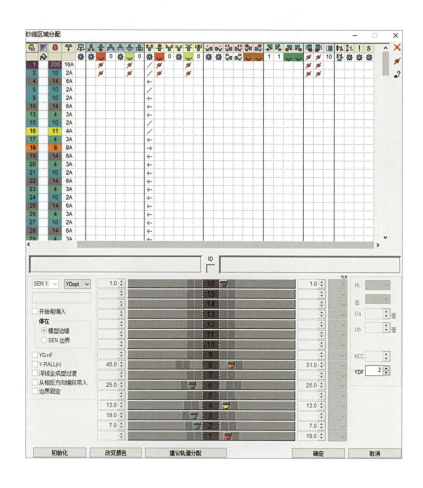

图7-102 纱线区域设置

步骤5 扩展整个花型（图7-103）。

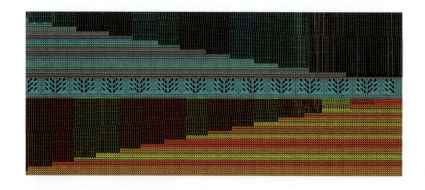

图7-103 扩展花型模拟织物

（3）根据以下步骤设置参数。

步骤1 设置线圈长度（图7-104）。

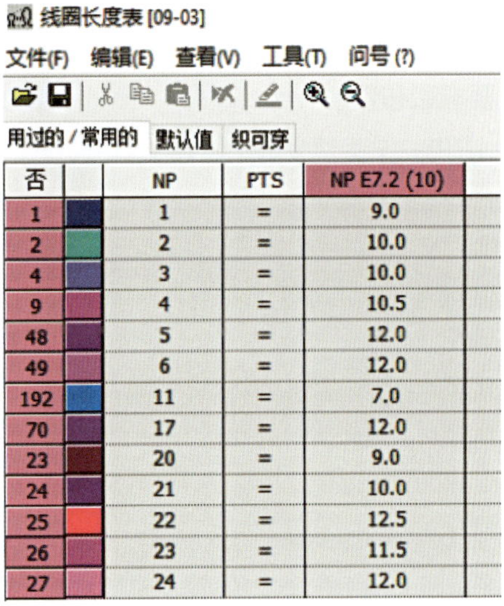

线圈长度表 [09-03]

文件(F) 编辑(E) 查看(V) 工具(T) 问号 (?)

用过的/常用的 默认值 织可穿

否		NP	PTS	NP E7.2 (10)
1		1	=	9.0
2		2	=	10.0
4		3	=	10.0
9		4	=	10.5
48		5	=	12.0
49		6	=	12.0
192		11	=	7.0
70		17	=	12.0
23		20	=	9.0
24		21	=	10.0
25		22	=	12.5
26		23	=	11.5
27		24	=	12.0

图7-104 线圈长度参数设置

NP1=9 罗纹起头前

NP2=10 罗纹空转1.5行

NP3=10 2×1罗纹

NP4=10.5 2×1罗纹放松

NP5=12 花型前

NP6=12 花型后

NP11=7 罗纹起头后

步骤2 设置牵拉系统（图7-105）。

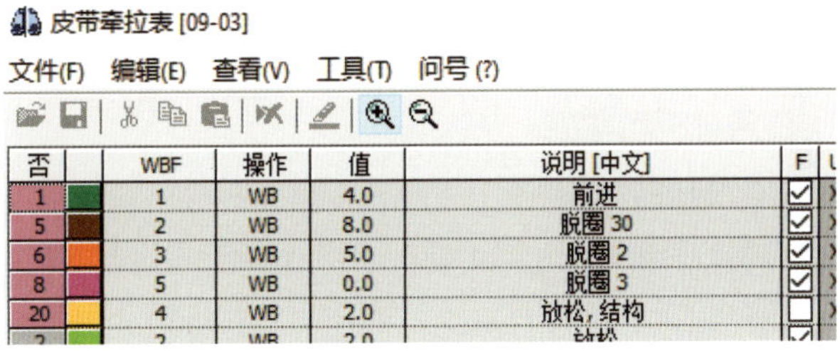

皮带牵拉表 [09-03]

文件(F) 编辑(E) 查看(V) 工具(T) 问号 (?)

否		WBF	操作	值	说明 [中文]	F
1		1	WB	4.0	前进	☑
5		2	WB	8.0	脱圈 30	☑
6		3	WB	5.0	脱圈 2	☑
8		5	WB	0.0	脱圈 3	☑
20		4	WB	2.0	放松，结构	☐

图7-105 牵拉系统数值设置

步骤3 设置机速（图7-106）。

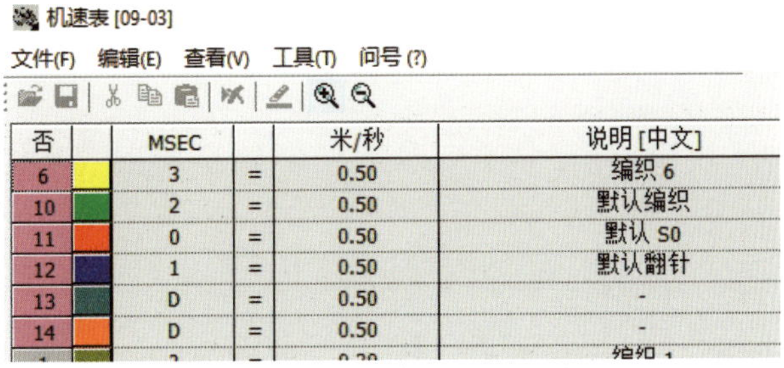

机速表 [09-03]

文件(F) 编辑(E) 查看(V) 工具(T) 问号 (?)

否		MSEC		米/秒	说明 [中文]
6		3	=	0.50	编织 6
10		2	=	0.50	默认编织
11		0	=	0.50	默认 S0
12		1	=	0.50	默认翻针
13		D	=	0.50	-
14		D	=	0.50	-

图7-106 机速系统设置

步骤4 生成MC程序。

（4）上机织片。

三、任务实施

（一）任务要求和布置

满针组织设计训练，分为课堂训练任务和课后作业任务。课堂训练包括设计花型、选用纱线、匹配机型、绘制程序、上机编织和分析织物6个步骤。课后作业包括该对应织片和数据文件的整理和调研PPT的制作。

（二）任务组织

（1）课堂训练任务：夹色局部编织织物（图7-98），独立完成。

（2）课后调研任务：完成各个局部编织花型的调研，并将织片图片收集整理到本节课后作业PPT中。

（3）课后作业任务：根据课程大作业的任务要求，要求学生运用局部编织细化设计，并上机完成不少于2个不同类别的局部编织织物（详见本章"课后作业2"）。

（三）任务准备

结合课程所学知识和技能，在针织满针组织的织物框架内，明确设计风格，明确纱线预算，明确呈现方法。

（四）任务分析和实施

1. 课堂训练任务

在课堂训练任务中完成"局部编织织物"，具体可以分为设计花型、选用纱线、匹配机型、绘制程序、上机编织和分析织物6个步骤。

（1）设计花型：根据所学的满针组织，设计一款局部编织花型织物，通过专业针织编程软件或BMP格式完成点图设计。

（2）选用纱线（表7-11）。

表7-11   **选用纱线具体信息**

序号	纱线商	成分	支数	颜色及色号	市场单价（元）
1					
2					
…					

（3）匹配机型：机器厂商_____，机器型号_____，针型_____。

（4）绘制程序：根据所学的满针组织编程方法，运用专业针织编程软件，完成所设计的"局部编织织物"的程序。

（5）上机编织：运用所选用的纱线，在匹配的机型上将绘制的程序完成上机编织，得到织物。

（6）分析织物：分析完成的织物，与设计花型对照，确认其是否达到设计时的想法。并在表7-12中记录织片数据和相关信息。

表7-12 　　　　　　　　　　　　　**织片数据和相关信息**

织物名称		程序名称	
机器型号		针型	
织物下机宽		织物下机高	
织物整理后宽		织物整理后高	
织物拉密			
织物正面照片		织物反面照片	
主要上机参数			

2. 课后作业任务

（1）通过市场调研和网络搜索了解局部编织花型的相关知识，并收集若干具有代表性的面料图片。

（2）将调研收集的面料图片按照花型角度和成型角度进行分类整理，完成一个"局部编织花型面料整理"的PPT作业。

（3）学习能力强的学生，在调研整理得出的类别中选择不少于2类，各完成不少于1个"局部编织织物"的设计和呈现。

本章总结

（1）满针组织：特点是厚实保暖，常用于秋冬款针织上装等。

（2）移针组织：可形成网眼、凹凸、波浪等肌理效果，适用于变化多样的创意服饰设计。

（3）扳花组织：又称波纹组织，通常用于制作卫衣、外套等较厚的产品。

（4）提花组织：多用于羊毛衫、风衣、外套等服装，特点是花纹图案多样，织物较厚。

（5）嵌花组织：又称为无虚线提花组织，常用于高档毛衫或围巾等配饰，图案纹路清晰。

（6）局部编织：又叫楔形编织，通过部分织针不工作形成高度变化，常应用于毛衫关键部位和版型设计。

课后作业

（1）分析和比较这六种组织的设计原理和技术要求。

（2）设计基于这些组织的针织面料，理解组织特性及其在实际应用中的影响。

（3）进行市场调研，分析这些组织的应用案例，探讨在现代针织服装设计中的重要性。

思考拓展

（1）本章各小结学习过程探索思考。

1）满针组织线圈在针床上的分布情况。

2）移针的原理以及与针床横移的关系。

3）以纬平针为地组织做波纹组织会发生什么样的情况？

4）在规律的四平抽条扳花组织上可以产生哪些不规则的四平抽条扳花组织呢？

5）不规则四平扳花组织同一条波纹移动效果可以不规律吗？

6）提花组织是否可以织很多颜色的提花图案？

7）单面均匀浮线提花的图案设计时应注意哪些问题？

8）蓝色羊毛混纺纱线换成透明丝纱线与弹力纱线组合，两色空气层提花织物又会产生什么样的变化呢？

9）嵌花组织编织时，不同色块的边缘是如何连接的呢？

10）局部编织与其他组织结构如何进行组合设计？

（2）探讨这些进阶组织在现代针织服装设计中的应用，尤其在创新设计和技术应用方面。

（3）思考如何将这些组织与现代设计理念结合，创造具有市场竞争力和创新性的针织面料。

课程资源链接

课件

第三部分

针织服装面料
设计项目解析

第八章 针织服装花型结构类面料设计项目解析

项目一 针织仿蕾丝面料设计项目

一、初步设计

1. 灵感来源

意向一：明暗光影

明暗光影在视觉上呈现出明、暗两种光影的对比效果，从中提取出斑驳光影的图案排列（图8-1）。

意向二：蕾丝

蕾丝是一种以繁复精致的镂空花纹为特点的纺织品，由纱或线制成，呈网状，通过纱线相互打结、交错、缠绕等方式而形成具有空花的面料（图8-2）。

图8-1 明暗光影灵感来源

图8-2 蕾丝灵感来源

蕾丝的交织部分与空花部分形成对比，与本项目提取的"明暗光影"意向中的明暗对比，在呈现质感上有很好的适配性

图8-1

图8-2

2. 色彩提取

结合当季流行色从本项目上述的意向中提取出若干个主题色彩，并标注好标准COLORO色号（图8-3）。注意这里提取的色彩并不是面料呈现出的最终色彩效果，还需结合纱线色卡或纱线染色来确定最终使用的纱线色彩。

图8-3 主题色彩的提取
（COLORO）

033-90-02	019-85-03	158-73-02	119-45-01

3. 设计灵感版

整理上述两个意向的相关图片并扩展更多材质和场景内容，形成图8-4的设计灵感版。设计灵感版中拼贴了影子、玻璃等图片，表达光线折射和反射达到的明暗光影意向效果。光影效果可以是某些具象的图案，也可以是比较抽象的光晕或斑斓的色块。

思考：除了"蕾丝"质感以外还有什么质感与"光影"相契合？

图8-4 仿蕾丝面料项目设计灵感版

二、设计呈现

1. 纱线组合方案

（1）纱线成分分析。

需要表现出设计意向"明暗光影"的明、暗对比效果，需要至少两种透光性反差大的纱线材质。"蕾丝"的质感有薄透、细致的特点，可以考虑选用弹力较弱的纱线材质。

结合上述所需纱线的特性，分析整理得表（表8-1、表8-2）。

表8-1 　　　　　　　　　　　　纱线特性（一）

序号	透光感	弹力	粗细
纱线1	透光	弱	细
纱线2	不透光	较弱	一般

表8-2 　　　　　　　　　　　　纱线特性（二）

参考成分	针型
涤纶或锦纶透明丝	14G/16G
羊毛、毛腈或棉	

（2）纱线组合分析。

"纱线1"主要用于面料中明亮、薄透的部分，其色卡如图8-5所示，在结构上应考虑选择纬平针类的轻薄组织；"纱线2"用于面料中阴影的部分，较不透光，其色卡如图8-6所示，因此在结构上考虑使用四平或双面组织。

图8-5　"纱线1"色卡　　　　　　　　　图8-6　"纱线2"色卡

（3）纱线选定及采购（确定色号和纱线商）。

根据主题色彩和纱线商色卡的匹配性选定纱线，确定纱线色号，如图8-7所示，具体相关信息见表8-3。

图8-7　确定纱线色号

表8-3 　　　　　　　　　　　　纱线相关信息

序号	品名	纱线商	成分	支数	色彩及色号	市场单价
1	透明丝	YY	100%涤纶	1/80Nm	Y633	约100元/kg
2	羊毛	DQ	100%羊毛	2/48Nm	DQ-MW003	约200元/kg

图8-8　花型图案设计

图8-9　设计花型图

2. 花型设计方案

（1）花型图案设计（图8-8）。

（2）组织结构解析。

单项组织：①两色芝麻点；②浮线编织；③翻针压线。

复合目的：两色芝麻点用于图8-8花型图案黑色区域；浮线编织用于灰色区域，透明丝纱线在灰色区域纬平针编织，羊毛纱线在灰色区域1隔3浮线编织，从而能够减少羊毛的视觉区域，达到透光效果，并加以透明丝1隔3翻针压线，克服长浮线易勾丝的缺点，增强面料结构的稳定性和服用性。

3. 编程织造

（1）机型选择。选用CMS ADF 32BW E7.2机型。

（2）设计花型的绘制（图8-9）和纱线区域的设置（图8-10）。

（3）组织结构的描绘（图8-11）。

（4）模块/CA（图8-12）。

（5）关键参数设置（图8-13）。

（6）上机织片。注意事项：编织过程中透明丝容易兜底的问题，可采用丝网包覆。

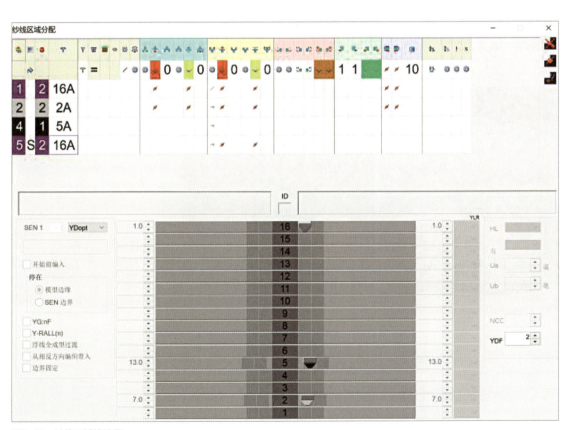

图8-10　纱线区域的设置

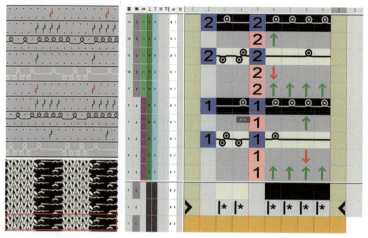

图8-11 工艺视图和织物模拟视图　　图8-12 颜色排列图（CA）

否		NP	P	NP E	说明[中文]	F	U	M	S	G
1	1	=	9.0	起始行	□	X	□	□	X
7	2	=	11.0	空转循环前	□	X	□	□	X
8	3	=	11.0	空转循环后	□	X	□	□	X
9	4	=	11.0	放松行	□	X	□	□	X
4	5	=	10.3	提花-浮线	□	X	X	□	X
5	6	=	11.0	1x1-循环-2	□	X	X	□	X
1	11	=	7.0	起始行前	□	X	□	□	X
7	17	=	12.0	安全行	□	X	□	□	X
2	20	=	9.0	起头 1	□	X	X	□	X
2	21	=	10.0	起头 2	□	X	□	□	X
2	22	=	11.0	起头 3	□	X	□	□	X
2	23	=	11.5	起头 4	□	X	□	□	X
2	24	=	12.0	起头 5	□	X	□	□	X

（表头：用过的／常用的　默认值　织可穿）

图8-13 主要线圈长度参数设置

三、验证及拓展

1. 织片呈现效果分析（图8-14）

本项目的面料成品较好地体现了"明暗光影"的设计意向，羊毛与透明丝对比、芝麻点提花与单面浮线编织对比，成功达到了面料花型的虚实对比效果。在蕾丝的质感方面，虽然通过虚实对比达到了一定的类似空花的效果，但在镂空和网状等蕾丝特性的表现力上仍有不足，层次感仍不够丰富。

思考：如何在本项目仿蕾丝面料的结构基础上增强镂空和网状效果？

正面　　　　　　　　　　　反面

图8-14 织片实物

2. 织片拓展

（1）设计意向：海浪（图8-15）。海浪中提取的波浪元素，与仿蕾丝面料结构组合，可描绘具象的图案，也可以抽象为色彩线条。并且在面料的纱线组合中可以采用3种纱线，形成更丰富的花型效果。

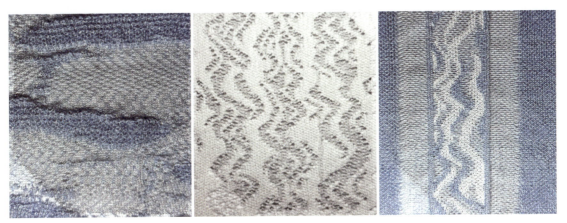

图8-15 织片拓展——海浪设计意向

（2）相似组织的应用扩展。仿蕾丝组织面料在针织服装设计中已有一些应用，多用于春夏轻薄款式。在针织面料设计中，除了使用透明丝达到仿蕾丝的效果外，也可以采用挑空、浮线和半手工绕线的方式来达到空花、网状、镂空的蕾丝效果（图8-16、图8-17）。

图8-16 仿蕾丝结构应用扩展案例

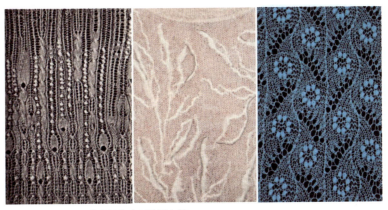

图8-17 半手工仿蕾丝结构应用扩展案例

项目二　针织碎花小香风设计项目

一、初步设计

1. 灵感来源

意向一：繁花

　　花在设计中是永恒不变的设计元素（图8-18）。我们可以对一朵花进行观察，当然也可以往大了看，观察一大片花（花海），从最直观的视觉层面出发，获取色彩灵感，再联想此景带来的其他感受，并抽象成图案。

意向二：抽象画

　　艺术家的作品也是获取灵感的一个直接来源（图8-19）。我们可以通过解读画面，按照自己的感受去进行二次创作，再根据自己的创作进行织物设计，也可以通过放大原图，截取其中某一部分作为灵感来源，再进行简化提炼，最后用针织的方式去表达。

图8-18　繁花灵感来源

图8-19　抽象画灵感来源

图8-18

图8-19

2. 色彩提取（图8-20）

| 021-90-05 | 002-76-13 | 147-70-20 | 155-53-32 |

图8-20 主题色彩的提取（COLORO）

3. 设计灵感版

整理上述两个意向的相关图片并扩展更多材质和场景内容，形成图8-21的设计灵感版。图8-21中收集了繁复绚丽的景色和抽象图案，主要表达一种浪漫甜美的氛围。根据灵感版带来的直观感受与图片中的点状效果，结合集圈组织来表达小香风效果。

图8-21 碎花小香风面料项目设计灵感版

二、设计呈现

1. 纱线组合方案

（1）纱线成分分析。为了表现"繁花"的立体效果，纱线意向选择较粗的、立体效果较好的灌芯带子纱线。为了体现繁花簇拥的效果，织物效果需较为紧促，因此可以使用带有弹力的纱线。

（2）纱线组合分析。"繁花"的鲜艳需要多种鲜艳的色彩来体现，因此选择鲜艳色系的纱线进行搭配。可以从如图8-22所示的纱线色卡中选择这些纱线。

（3）纱线选定及采购。根据主题色彩和纱线商色卡的匹配性选定纱线，确定纱线色号，如图8-23所示，具体相关信息见表8-4。

图8-22 纱线色卡

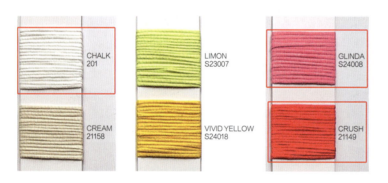

图8-23 确定纱线色号

表8-4			纱线相关信息			
序号	品名	纱线商	成分	支数	色彩及色号	市场单价
1	YOGI	TL	65%棉	1/5Nm	201	约180元/kg
2			35%聚酰		524008	
3			纤维		21149	

2. 花型设计方案

组织结构解析

单项组织：①正反针；②浮线；③夹色。

复合目的：为实现织片整体产生规律的横向凹凸效果，采用一行正针、一行反针，再一行正针的组合为单元，并循环编织。为了体现繁花色彩的鲜艳，将选用的三个颜色采用夹色的方式编织，每三行换色一次。采用了正反针与夹色后，每个颜色呈横条状分割，显得有点僵硬，因此，尝试采用浮线不织的方式将浮线前一行线圈拉长，使夹色的三个色彩产生交错的碎花感觉。

3. 编程织造

（1）机型选择。选用CMS 502 HP+ E3.5.2机型。

（2）设计花型图（图8-24）。

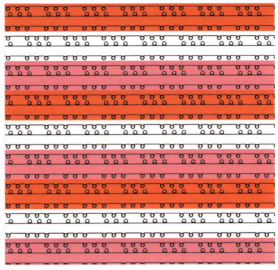

图8-24　设计花型图

（3）设置纱线区域（图8-25）。

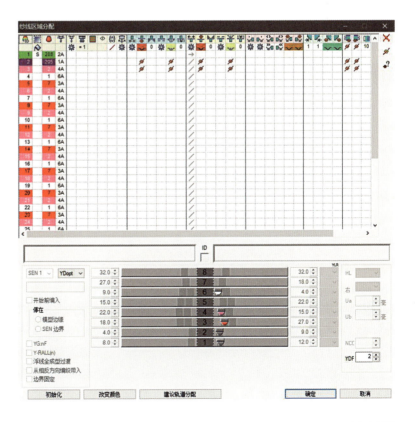

图8-25　纱线区域的设置

（4）关键参数设置（图8-26）。

否		NP	PTS	NP E3,5.2 (4)	说明 [中文]
1		1	=	9.0	起始行
2		2	=	10.0	起始空转
3		3	=	9.5	1x1罗纹
9		4	=	9.8	1x1罗纹放松行
48		5	=	12.0	正反针前
49		6	=	12.0	正反针后
192		11	=	7.0	起始行前

图8-26　主要线圈长度参数设置

（5）上机织片。上机编织时，由于纱线较粗，可以适当将侧边张力装置的弹力调大一些，有利于机头回转时将多余纱线回收，防止破边、漏边的情况发生。

三、验证及拓展

1. 织片呈现效果分析
如图8-27所示，该织物无论是色彩还是肌理都较好地体现了"碎花"的设计意向。通过浮线不织与夹色的技法实现了错落的碎花效果，通过正反针组织使织物凹凸有致，肌理更加丰富。

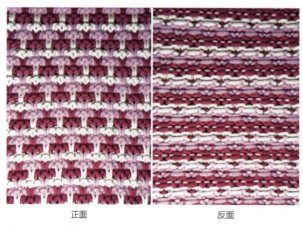

正面　　　　　　　　　　　反面

图8-27　织片实物

2. 织片拓展
（1）设计意向：几何图案。几何图案的规律排列经常运用在织片上，运用集圈针法可以很好地表达出这些几何形状。再配合使用透明丝，可以更好地凸显灰线形成的菱形形状（图8-28）。

图8-28 织片拓展——几何图案
设计意向

（2）相似组织扩展应用。新线圈以悬弧的方式与旧线圈同时存在于一个针钩内，产生不同的凹凸小孔效果。根据集圈的织针数，可以分为单列、双列和多列集圈，不同集圈单元可以形成多样的集圈效果。利用不同的集圈单元和色纱进行组合，可以形成花色效应（图8-29）。

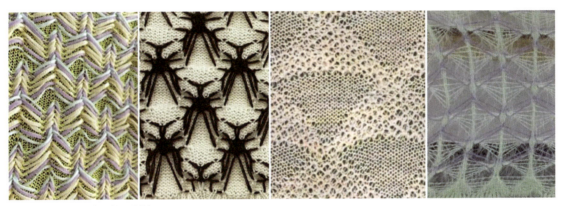

图8-29 碎花结构应用扩展案例

项目三　针织镂空花朵图案设计项目

一、初步设计

1. 灵感来源

意向一：烂漫花卉

浪漫田园美学如一首温柔情诗，带来假日氛围的时尚风格。将繁花烂漫的田园灵感融入都市生活之中，提取紫色郁金香的廓形和色彩进行图案设计，展现春天的清新温暖（图8-30）。

意向二：精致镂空

镂空设计精致细腻又舒适透气，突破了局部与点的局限，网眼镂空为轻盈的面料带来甜美少女风。镂空面料通常有薄纱、网面、钩编等形式，有着春夏凉爽透明的手感，带给人一种朦胧的意境（图8-31）。

图8-30 烂漫花卉灵感来源

图8-31 精致镂空灵感来源

2. 色彩提取（图8-32）

143-72-20	056-57-27

图8-32 主题色彩的提取（COLORO）

3. 设计灵感版（图8-33）

结合上述烂漫花卉和精致镂空两个意向，形成了图8-33的设计灵感版。设计灵感版中拼贴了紫色郁金香、针织镂空等图片，将郁金香的图案及色彩元素与镂空质感相融合，呈现出清新、精致的风格，让人仿佛置身于花海之中。

图8-33 镂空花朵面料项目设计灵感版

二、设计呈现

1. 纱线组合方案

（1）纱线成分分析。为了体现"精致镂空"的意向，选择较细的纯棉纱线在12针机器上编织；为了体现花卉的意向，选择在精致镂空的基础上，移圈形成花卉图案效果。

（2）纱线组合分析。提取郁金香的绿色与紫色作为纱线色彩，采用纯棉纱线进行夹色搭配，以绿色为底，在花朵区域的整行编织紫色。可以从图8-34的纱线色卡中选择这些纱线。

（3）纱线选定及采购。根据主题色彩和纱线商色卡的匹配性选定纱线，确定纱线色号（图8-35），具体相关信息见表8-5。

图8-34　纱线色卡

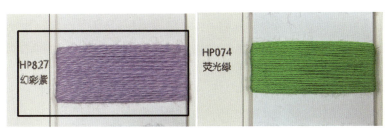

图8-35　确定纱线色号

表8-5　　　　　　　　　　　**纱线相关信息**

序号	品名	纱线商	成分	支数	色彩及色号	市场单价
1	全棉	HB	100%棉	32S/2	HP827	约40元/kg
2					HP074	

2. 花型设计方案
组织结构解析

单项组织：①移圈；②夹色。

组织分析：织片整体为挑洞组织，局部通过移圈和纬平针组织的组合形成花朵和叶子图案的效果，为了让叶子的效果更加立体美观，叶子区域采用多步骤移圈的方式；为了体现紫色的花朵，采用夹色的方法编织花朵的整行区域。

3. 编程织造

（1）机型选择。选用CMS ADF 32BW E7.2机型。

（2）设计花型标志视图（图8-36）。

（3）移圈使用模块（图8-37）。

（4）夹色分布（图8-38）。

图8-36　标志视图

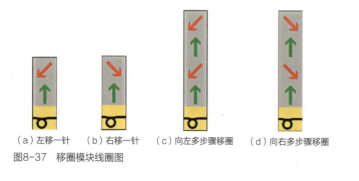

　（a）左移一针　（b）右移一针　（c）向左多步骤移圈　（d）向右多步骤移圈

图8-37　移圈模块线圈图

图8-38　夹色分布图

三、验证及拓展

1. 织片呈现效果分析

图8-39为"花朵"织物，织物正面由移圈的花朵图案体现了"花卉"的意向，整体细密的挑洞效果很好地体现了"精致挑洞"的意向。在花朵的色彩体现方面，通过夹色的方式来体现叶子与花朵的不同色彩，但是这种色彩呈现效果可以进一步优化，让织片的整体效果更加协调。

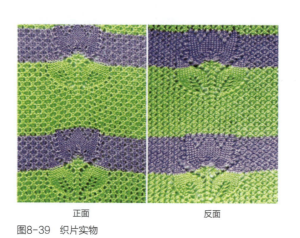

　　　　正面　　　　　　　　　反面

图8-39　织片实物

2. 织片拓展

（1）设计意向：叶脉（图8-40）。以贯穿在叶肉内纵横交错的叶脉为灵感，选择移圈挑洞组织来表现。可以提取叶子表面错综复杂的叶脉网络作为主要图案，以此决定挑洞组织的大小变换。

图8-40 织片拓展——叶脉设计
意向

（2）相似组织拓展应用（图8-41）。移圈挑洞是一种常见的针织组织结构，可以产生各种不同的花纹。该结构特别适用于制作镂空针织衫，因为挑孔组织可以形成大小不一的孔洞，其视觉效果非常丰富。

图8-41 移圈挑洞应用扩展案例

项目四　针织立体复合提花设计项目

一、初步设计

1. 灵感来源

意向一：圆的形状

在艺术家杨贤涛的作品中，单一的圆被重复到极致，以丰富的、抽象的、极简的方式诠释生命永恒的流动姿态、意识形态的强烈冲突以及个体和群体的相互关系（图8-42）。

图8-42 圆的形状灵感来源

意向二：植物肌理

丝瓜络是天然材料，其纹理细腻，手感温暖舒适，材质有一种轻盈性。丝瓜络肌理具有柔软、有机、曲线和自然的特点。丝瓜枯萎后，里面就会露出坚韧的纤维组织，这些组织是天然的海绵，柔软、坚韧且耐磨，正如针织的纱线组合带给人的感觉（图8-43）。

图8-43 植物肌理灵感来源

2. 色彩提取（图8-44）

037-93-00	046-59-23	118-53-17	126-28-21	118-36-30

图8-44 主题色彩的提取（COLORO）

3. 设计灵感版

结合圆的形状和植物肌理这两个意向，形成了图8-45的设计灵感版。灵感版中拼贴了艺术家杨贤涛的作品。该作品蕴含着情绪和思考的流动，宛如海的漩涡将我们卷入。在针织设计过程中，我们可以提取圈圈画图案，用复合提花的方法来展现表达。

图8-45 立体复合提花面料项目设计灵感版

二、设计呈现

1. 纱线组合方案

（1）纱线分析。为了细腻地体现圆的形状，选择较细且相对柔软的2/45Nm羊毛混纺纱线。多彩的圆形，使用羊毛混纺纱线的不同颜色来表现。可以从图8-46的纱线色卡中选择这些纱线。

（2）纱线选定及采购。根据主题色彩和纱线商色卡的匹配性选定纱线，确定纱线色号，如图8-47所示，具体相关信息见表8-6。

图8-46　纱线色卡

图8-47　确定纱线色号

表8-6　　　　　　　　　　纱线相关信息

序号	品名	纱线商	成分	支数	色彩及色号	市场单价
1	羊毛混纺	DQ	6%羊毛	2/45Nm	1045228	约60元/kg
2			20%尼龙		104537	
3			20%腈纶		104502	
4			54%涤纶		1045216	

2. 花型设计方案

（1）花型图案设计（图8-48）。

（2）组织结构解析。

单项组织：①四色芝麻点提花；②提花漏底；③提花毛圈。

复合目的：为了体现多彩的圈圈形状，采用四色芝麻点提花组织。由于四色芝麻点组织的织物效果较为平整，无法体现意向二的"植物肌理"，因此在芝麻点提花的基础上加入了提花漏底区域、提花一隔一交错翻针区域和提花二隔二交错翻针区域。同时，让紫色和灰色区域编织提花毛圈组织，使织物肌理效果更加丰富。

图8-48 花型图案设计

（三）编程织造

（1）机型选择。选用CMS ADF 32BW E7.2机型。

（2）设计花型的绘制（图8-49）和纱线区域的设置。

图8-49 设计花型图

（3）颜色排列图（CA）（图8-50）。

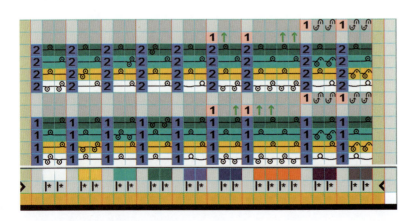

图8-50 颜色排列图（CA）

（4）关键参数设置（图8-51）。

否		NP	PTS	NP E7.2 (10)	说明 [中文]
1		1	=	9.0	起始行
7		2	=	11.0	空转循环前
8		3	=	11.0	空转循环后
48		5	=	10.0	单面平针结构前
49		6	=	10.0	单面平针结构后
66		7	=	9.5	前后集圈

图8-51　主要线圈长度参数设置

（5）上机织片。注意事项：纱线编织前需要过蜡处理，防止编织过程中断纱。

三、验证及拓展

1. 织片呈现效果分析

该针织复合提花织物正面通过四色芝麻点提花很好地呈现了意向——"圆的形状"；通过漏底提花、一隔一翻针提花和二隔二翻针提花让织物正面有的区域只织后针床，出现相对凹下去的区域；通过提花毛圈组织在织物正面呈现毛圈状，相对凸出来，整体凹凸肌理十分丰富，很好地体现了"植物肌理"的意向（图8-52）。

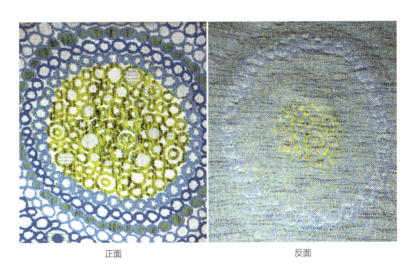

正面　　　　　　　　　　　　反面

图8-52　织片实物

2. 织片拓展

（1）设计意向：细胞。

复合面料是将一层或多层纺织材料及其他功能材料经粘结贴合而成的一种新型材料，适合做沙发、服装等纺织品，是人们居家生活不可缺少的面料之一。而显微镜下的细胞形似针织线圈结构，提取其元素，并与复合提花组织相结合，可以描绘出具象的图案，疏密有致，肌理如浮雕一般（图8-53）。

（2）相似组织拓展应用。

提花是很常见的一种织纹，目的就是织出想要的图案。不同色彩的纱线混合可以编织出更加丰富多样的图案和款式。针织毛织类服装提花工艺主要有横条提花、芝麻点提花、空气层双面提花、浮线提花、翻针提花和嵌花等多种提花类型。不同提花所呈现的成品风格略有不同（图8-54）。

图8-53　织片拓展——细胞设计意向

图8-54　针织复合提花应用扩展案例

项目五　针织立体鼓波设计项目

一、初步设计

1. 灵感来源

意向一：脊柱

脊柱是一个由二十四块椎骨、一块骶骨和一块尾骨相互连接构成的椎体，从中可以提取出脊柱结构的排列组合形式（图8-55）。

意向二：立体鼓波

立体艺术效果有着更为丰富的视觉感受，凹凸起伏的蓬松形态使作品整体更加有空间感。在针织设计中加入立体元素，可以更形象、完整地表达出脊柱的结构造型（图8-56）。

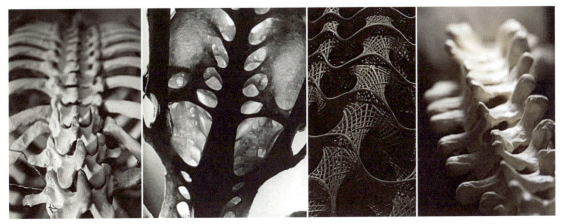

图8-55　脊柱灵感来源

图8-56　立体鼓波灵感来源
不同长度、大小的鼓波经过不同的排列组合可以形成波浪、层叠、泡泡状等不同的丰富立体效果

028-90-03	040-92-00	017-89-04

图8-57　主题色彩的提取（COLORO）

2. 色彩提取（图8-57）

3. 设计灵感版

灵感主要来自脊柱骨骼的结构，收集立体凹凸肌理的不同表现方式，结合表现呈现更好的视觉效果（图8-58）。

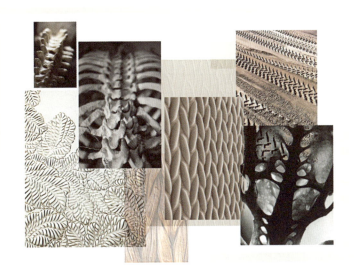

图8-58　立体鼓波面料项目设计灵感版

二、设计呈现

1. 纱线组合方案

（1）纱线成分分析。为了体现脊柱骨骼的骨感，纱线色彩选择米色，成分选择100%涤纶纱线，经洗烫后显得立体、硬挺。可以从图8-59的纱线色卡中选择这些纱线。

（2）纱线选定及采购。根据主题色彩和纱线商色卡的匹配性选定纱线，确定纱线色号，如图8-60所示，具体相关信息见表8-7。

表8-7　　　　　　　　　　纱线相关信息

品名	纱线商	成分	支数	色彩及色号	市场单价
Hanami	RZ	100%涤纶	1/60Nm	HM20003	约100元/kg

2. 花型设计方案

（1）花型设计。为体现骨骼立体坚硬的效果，应采用立体结构较强的组织结构进行组合搭配。

（2）组织结构解析。

单项组织：①局部编织；②鼓波。

复合目的：选用局部编织和鼓波两种具有立体效果的组织结构进行复合，体现骨骼的错落有致，鼓波规律的凹凸效果体现脊柱两边分界；选用纬平针组织局部编织效果，形成织物不规则凹凸效果来体现脊柱部分。

3. 编程织造

（1）机型选择。选用CMS 502 HP+ E3.5.2机型。

（2）组织结构（图8-61、图8-62）。

（3）关键参数设置（图8-63）。

图8-59　纱线色卡

图8-60　确定纱线色号

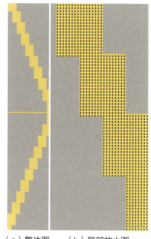

（a）整体图　　（b）局部放大图

图8-61　局部编织区域组织结构

此时的纱线只在局部织针上进行编织

否		NP	PTS	NP E3,5.2 (4)	说明 [中文]
1		1	=	9.0	起始行
2		2	=	10.0	起始空转
4		3	=	10.0	2x1/2x2-循环
9		4	=	10.5	放松行
48		5	=	12.0	局部编织平针结构前
49		6	=	12.0	局部编织平针结构后
34		7	=	9.0	鼓波底四平
38		8	=	11.5	鼓波平针区域
192		11	=	7.0	起始行前

图8-63　主要线圈长度参数设置

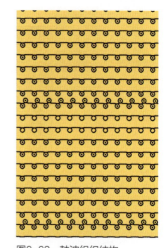

图8-62　鼓波组织结构

图为两条横条状的鼓波组织

三、验证及拓展

1. 织片呈现效果分析（图8-64）

选择米色纱线，采用的局部编织和鼓波组织很好地体现了"脊柱"的意向，织片整体凹凸立体效果十分明显。

正面　　　　　　　　　　反面

图8-64　织片实物

2. 织片拓展

（1）设计意向：泡泡（图8-65）。

提取泡泡形状，与立体鼓波结合运用，可以排列组合成具体图案，也可以用不同材质的纱线结合运用得到更丰富的创意效果。

图8-65　织片拓展——立体泡泡设计意向

（2）相似组织扩展应用（图8-66）。

立体鼓波结构在针织服装中多用于秋冬款式，在针织服装面料设计中改变其大小、局部编织行数和排列组合方式，从而达到不同的风格效果。

图8-66　立体鼓波结构应用扩展案例

项目六　针织毛圈图案设计项目

一、初步设计

1. 灵感来源

意向一：迷彩图案

树皮、岩石、水波等，大自然描绘出许多由色块拼接而成的迷彩图案元素，通过不同的工艺能将不同色彩的迷彩元素转化为不同的风格，从而形成独特斑驳的花纹，用在服装上可以使其更加休闲、潮流（图8-67）。

意向二：毛圈

毛圈结构将线圈停留固定在织物表面，使其更加立体且富有毛绒质感，通过拉长线圈、改变纱线粗细、控制线圈排列方式等手法，可以使织物呈现出不同的视觉效果（图8-68）。

图8-67　迷彩图案灵感来源

图8-68　毛圈灵感来源

独立大小的毛圈能表现出颗粒感，细小的毛圈组织排列在一起也能展现出毛绒质感，不同的组合方式可以呈现不同的创意效果

2. 色彩提取（图8-69）

125-28-38	123-52-27	063-37-24	060-71-33	022-40-26	026-52-13

图8-69　主题色彩的提取（COLORO）

3. 设计灵感版

  综合迷彩图案和毛圈两个意向，形成了图8-70的设计灵感版。丰富的自然景观可以形成不同的迷彩图案，结合不同的纱线可以设计形成风格各异的织物效果。

图8-70　毛圈图案面料项目设计灵感版

二、设计呈现

1. 纱线组合方案

纱线成分分析。为了表现意向中树皮、苔藓等自然景观的粗糙质感，纱线材质上可以选择哑光、略微带点毛感的羊毛混纺纱线。可以从图8-71的纱线色卡中选择这些纱线。

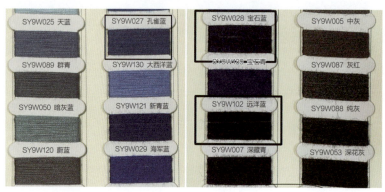

图8-71 纱线色卡

2. 纱线选定及采购

根据主题色彩和纱线商色卡的匹配性选定纱线，确定纱线色号（图8-72），具体相关信息见表8-8。

图8-72 确定纱线色号

表8-8 纱线相关信息

序号	品名	纱线商	成分	支数	色彩及色号	市场单价
1	超柔羊毛混纺	HB	9%羊毛16%腈纶20%涤纶55%尼龙	2/28Nm	SY9W027 孔雀蓝	约70元/kg
2					SY9W028 宝石蓝	
3					SY9W102 远洋蓝	

3. 花型设计方案

（1）花型图案设计（图8-73）。

（2）组织结构解析。以芝麻点提花组织为基础，将小熊图案排列组合在一起，并利用色彩进行分割，形成创意迷彩纹样。同时，将其中一个色彩做毛圈效果，可以打破平面图案的单调性，从而增强织片的立体效果。

图8-73 花型图案设计

图8-74 设计花型图

4. 编程织造

（1）机型选择。选用CMS 502 HP+ E3.5.2机型。

（2）设计花型的绘制（图8-74）和纱线区域的设置（图8-75）。

（3）组织结构的描绘（图8-76）。

（4）模块/CA（图8-77）。

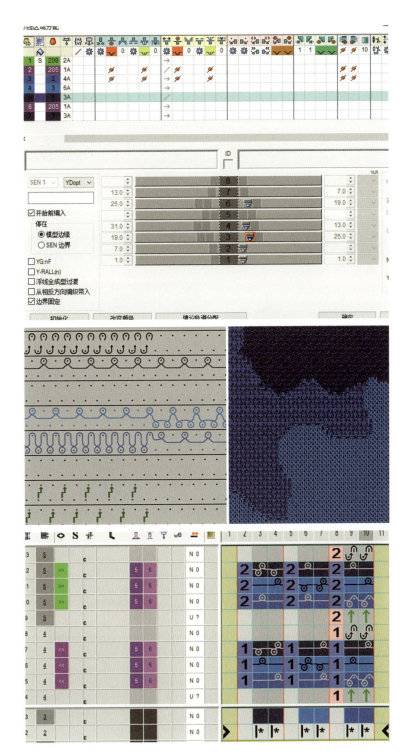

图8-75 纱线区域的设置

图8-76 工艺视图和织物模拟视图

图8-77 颜色排列图（CA）

三、验证及拓展

1. 织片呈现效果分析（图8-78）

本项目的面料通过同一色系的三种颜色将小熊图案进行排列组合，在体现"迷彩图案"设计意向的同时，极具趣味性。而毛圈结构和芝麻点提花的组合，则大大增加了面料整体的立体效果。

2. 织片拓展

（1）设计意向：苔藓（图8-79）。利用绿色系的纱线配合毛圈结构，可以模仿出成片苔藓的毛绒质感，搭配手工编织、刺绣、羊毛毡等工艺手法，也可以在局部实现成团的立体效果。

（2）相似组织扩展应用（图8-80）。毛圈工艺通过改变线圈大小和长度而形成不同的视觉效果，如小毛圈可以集中与周边面料形成对比，展现出具体的立体图案，而长毛圈可以有流苏效果等。

正面　　　　　　　　　反面

图8-78　织片实物

图8-79　织片拓展——苔藓设计意向

图8-80　毛圈组织扩展案例

项目七　针织添纱设计项目

一、初步设计

1. 灵感来源
意向一：古城建筑

少数民族的建筑充满异域风情，这些古城多是生土建筑群组成，土木砖画混合细腻的泥土，建成一座座别有风情的城楼。而这些生土建筑的表面肌理效果，给人的视觉感受正可以用添纱的形式在针织织物上表达（图8-81）。

意向二：自然地质

针织设计过程中，在图案方面可以提取田地所排列形成的几何图案，由于添纱效果不能使一个色彩完全的盖住另一个色彩，会透露出一定的底色而变成一个新的花色，所以质感上可以借鉴火山灰或干涸土地给人的视觉感受，将不同色彩的纱线进行色彩组合（图8-82）。

图8-81　古城建筑灵感来源

图8-82　不同自然地质灵感来源

2. 色彩提取（图8-83）

031-86-10	032-60-18	025-42-28	027-33-14

图8-83　主题色彩的提取（COLORO）

3. 设计灵感版

添纱通常由两个纱嘴分前后位置同时喂入针钩编织成圈，由于其前后位置不同，所以通过正反针排列可以形成不同的图案效果；由于两个纱线无法完全相互覆盖住，成品会变成夹花的效果。这也正好可以表现不同的自然土地地质以及建筑表层的肌理所给人带来的视觉效果（图8-84）。

图8-84　添纱织物项目设计灵感版

二、设计呈现

1. 纱线组合方案

（1）纱线分析。"古城建筑"的表面充满沧桑，自然地质的表面也历经风吹雨打，因此纱线不宜选择精仿纱线，可以考虑半精纺的羊毛混纺纱线。纱线色彩可以考虑选择大地色系和大地表面植物的绿色系进行搭配。可以从图8-85的纱线色卡中选择这些纱线。

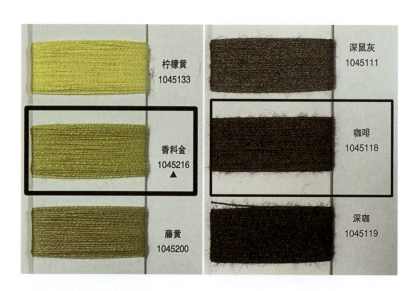

图8-85　纱线色卡

图8-86 确定纱线色号

（2）纱线选定及采购。根据主题色彩和纱线商色卡的匹配性选定纱线，确定纱线色号（图8-86），具体相关信息见表8-9。

表8-9   纱线相关信息

序号	品名	纱线商	成分	支数	色彩及色号	市场单价
1	羊毛混纺	DQ	6%羊毛 20%尼龙 20%腈纶 54%涤纶	2/45Nm	1045216	约60元/kg
2					1045118	

2. 花型设计方案

组织结构解析

单项组织：①添纱；②绞花；③阿兰花。

复合目的：古城的楼梯蜿蜒曲折，可以通过菱形排列的阿兰花来体现。"自然地质"的崎岖不平可以通过绞花来体现，将多种绞花进行组合使织片的纹理更加丰富。自然地质中大地与植物交融的效果通过添纱的织法来体现。

3. 编程织造

（1）机型选择。选用CMS 502 HP+ E3.5.2机型。

（2）组织排列（图8-87）。

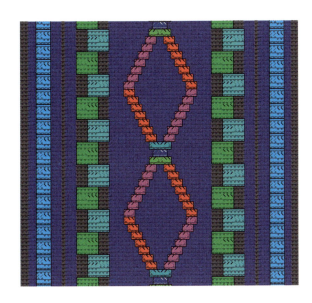

图8-87 组织排列图

（3）添纱设置（图8-88）。

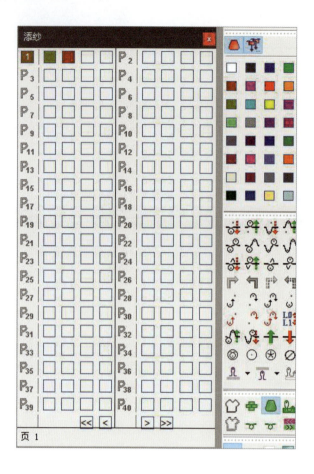

图8-88　添纱设置
将两个颜色放在添纱设置中P1后的格子，然后P1位置会出现一个新颜色，使用此颜色描绘的区域为添纱区域

（4）纱线区域的设置（图8-89）。

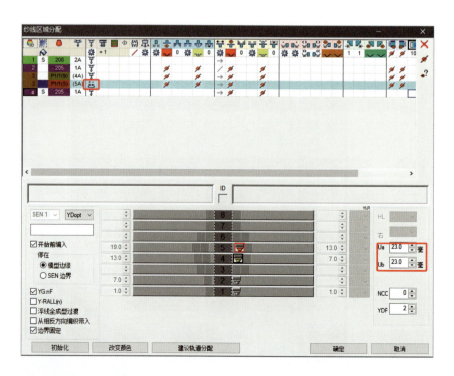

图8-89　纱线区域的设置
添纱需要用到宽纱嘴，宽纱嘴的"导纱器类型"选择"U+/-"，并且Ua和Ub都设置数值23毫米

（5）上机织片。编织添纱织物时，添纱区域的两个纱嘴的纱线粗细为正常粗细的一半。

三、验证及拓展

1. 织片呈现效果分析

该织物通过绞花和阿兰花的凹凸立体肌理体现古城中台阶转折延伸的效果，并通过添纱的方式较好地体现了这两个色彩交融的效果，并且隐约出现的横纹也很好地体现了古城墙斑驳的效果。但是菱形排列的阿兰花相对于古城台阶显得有点规律与刻板，后期可以考虑做成不规则延伸的阿兰花（图8-90）。

| 正面 | 反面 |

图8-90 织片实物

2. 织片拓展

（1）设计意向：几何线条。将添纱效果与正反针组合应用，可以在针织色彩本身的质感上添加凹凸效果，使线条图案更加清晰、流畅；还可以有色彩变化，不同段使用不同纱线排列，使整体更加丰富（图8-91）。

图8-91 织片拓展——线条设计意向

（2）相似组织扩展应用。添纱效果在平纹组织上用两个差异较大的纱线相互组合表达，会使正反面有完全不同的效果。如果和正反针相结合，在色彩变化上还会有凹凸的肌理，会使画面更加丰富。由此可见，我们可以将它与很多图案进行组合应用如绞花图案、条纹图案、阿兰花图案等，都会产生丰富多变的视觉效果（图8-92）。

本章总结

本章通过七个针织服装面料设计项目，展示了从灵感来源到设计实现的完整过程。各项目围绕不同的设计意图和灵感来源，如蕾丝、繁花、镂空等，提取主题色彩，搭配合适的纱线，选择富有表现力的组织结构，织造出符合设计主题的织物，并进行思维拓展，充分展现了针织服装面料在整个设计与实现过程中的多样性和创新性。

课后作业

（1）本章各小结学习过程探索思考：

1）除了"蕾丝"质感以外，还有什么质感与"光影"相契合？

2）如何在项目仿蕾丝面料的结构基础上，增强镂空和网状效果？

（2）分析每个设计项目的灵感来源和实现过程，探讨它们在设计中的应用和转化。

（3）选择其中一个或多个项目，进行仿设计实践，掌握从灵感到成品的设计流程。

（4）提出对每个设计项目的改进方案，尝试将个人的创意融入其中。

思考拓展

（1）思考如何将传统文化元素或现代艺术理念融入针织服装面料设计，创造出独特的视觉效果。

（2）探讨如何利用现代针织技术实现复杂的花型结构设计，提高设计的可行性和市场吸引力。

课程资源链接

课件

图8-92　添纱组织扩展案例

第九章 针织服装部件结构类面料设计项目解析

项目一 针织边缘设计项目

一、初步设计

1. 灵感来源

意向一：瀑布

瀑布在水流经过的地方，通常会产生边缘破裂的现象，水流的力量和冲击力会使得边缘的石头或者土壤被冲刷和侵蚀。这种破裂的边缘就如同流苏一般，具有一定的流动性和动态美（图9-1）。

意向二：蛛网

可以运用蛛网的形态和结构作为灵感来源，通过模仿蛛网的线条和形状，设计出具有艺术感和时尚感的破洞效果（图9-2）。

图9-1 瀑布灵感来源

图9-2 蛛网灵感来源

2. 色彩提取

在灵感来源图片和相关元素中提取主题色彩（图9-3）。

133-84-01	129-20-04

图9-3 主题色彩的提取（COLORO）

3. 设计灵感版

此灵感版主要以表达破洞和流苏为主，灵感图主要拼贴了瀑布和蛛网，尝试设计用针织结构来表达其形态（图9-4）。

图9-4 边缘设计面料项目设计灵感版

二、设计呈现

1. 纱线组合方案

（1）纱线成分分析。为了表现不同的破洞与流苏效果，既可以选择爽滑、有光泽感的纱线，也可以选择绒面质地的毛感纱线，可选择的范围较广。本项目采用具有广泛用途的羊毛混纺类纱线，可以从图9-5的纱线色卡中选择。

图9-5 纱线色卡

图9-6 确定纱线色号

（2）纱线选定及采购。根据主题色彩和纱线商色卡的匹配性选定纱线，确定纱线色号（图9-6），具体相关信息见表9-1。

表9-1 纱线相关信息

序号	品名	纱线商	成分	支数	色彩及色号	市场单价
1	超柔羊	HB	9%羊毛 16%腈纶 20%涤纶 55%尼龙	2/28Nm	SY9W001 白色	约70元/kg
2	毛混纺				SY9W008 黑色	

2. 花型设计方案

（1）花型图案设计（图9-7）。

（2）组织结构具象。以黑白棋盘格芝麻点提花组织为基础，为表现意向中的破洞、流苏元素，可以选择浮线组织（不织）加入其中。将织物边缘做浮线处理，形成流苏效果；将织物下摆做长浮线结构，形成破洞效果。

3. 编程织造

（1）机型选择。选用CMS ADF 32BW E7.2机型。

（2）设计花型的绘制（图9-8）和纱线区域的设置（图9-9）。

图9-7 花型图案设计

图9-8 设计花型图

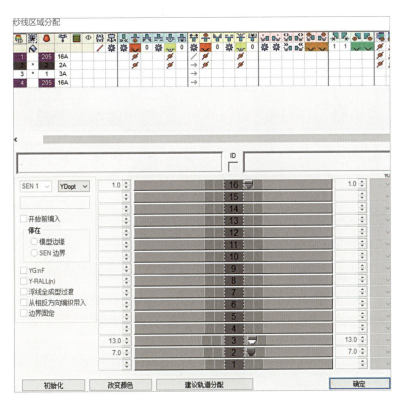

图9-9 纱线区域的设置

（3）组织结构的描绘（图9-10、图9-11）。

（4）模块/CA（图9-12）。

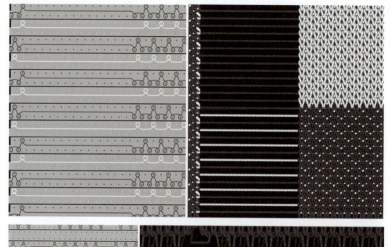

图9-10　边缘流苏的工艺视图和
织物模拟视图

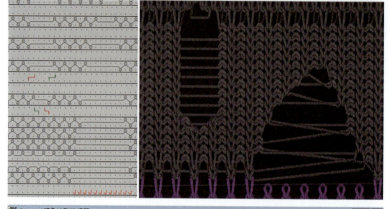

图9-11　下摆破洞的工艺视图和
织物模拟视图

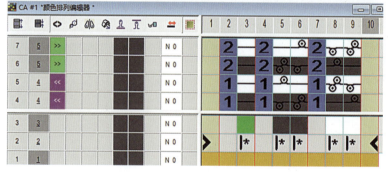

图9-12　颜色排列图（CA）

三、验证及拓展

1. 织片呈现效果分析

如图9-13所示，织片将浮线组织和芝麻点提花进行复合，形成流苏效果。注意在织物最边缘要编织1、2个线圈（左图左侧），可在后期将线圈剪断形成流苏。在做破洞效果时，浮线下边的线圈要提前移走空出针位。

2. 织片拓展

（1）设计意向：苔藓。不规则破洞的繁复使用打破了常规面料的沉闷感，展现出苔藓的自由生长；流苏的多样化使用不仅增加了织物的动态感，还模仿了自然界中生长的苔藓随风摇曳的柔美。不同纱线的使用和破洞、流苏的不同处理，展现出各样的肌理感，像顽强生长的苔藓，每一寸都是不一样的（图9-14）。

（2）相似组织扩展应用（图9-15）。通过针织做出来的破洞和流苏，如果大面积运用，会显得繁复和失去穿性，而当作部件类使用时，却是一个很好的设计点。

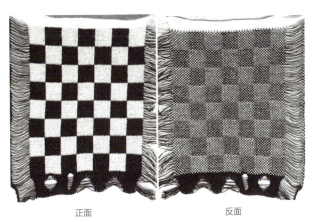

正面　　　　　　　　　　　　反面

图9-13　织片实物

图9-14　织片拓展——苔藓设计意向

图9-15　边缘结构应用扩展案例

项目二 针织横织褶皱设计项目

一、初步设计

1. 灵感来源

意向一：沙漠

沙漠的色彩是设计中的一个重要元素。沙子的色彩变化无穷，从淡黄色的细沙到深棕色的粗沙；不同时间段沙漠的景色也可以作为设计点，沙漠的地形和色彩在强光中被强调，使沙漠的层次更为丰富；沙漠中的风可以塑造沙丘，使其产生流动的形态（图9-16）。

意向二：雕塑

雕塑在服装设计中也是常见的灵感来源之一，在针织服装面料设计中，可以通过观察雕塑的质感是光滑还是粗糙，是柔软还是坚硬。有了这样的方向，就可以通过选择合适的纱线和针织组织结构去实现（图9-17）。

图9-16 沙漠灵感来源

图9-17 雕塑灵感来源

2. 色彩提取（图9-18）

028-90-03	021-82-03	036-90-02	038-84-04

图9-18 主题色彩的提取（COLORO）

3. 设计灵感版

整理沙漠与雕塑两个意向，拼贴了雕塑、建筑、沙漠等图片，并扩展更多材质和场景内容，着重表达层层堆叠所产生的肌理感和细腻感（图9-19）。

图9-19 横织褶皱面料项目设计灵感版

二、设计呈现

1. 纱线方案

（1）纱线成分分析。为了表现出设计意向中粗糙的沙粒质感，考虑使用哑光色、手感略粗糙、弹力较弱的纱线材质。可以从图9-20的纱线色卡中选择这些纱线。

HP114 兰紫	HP129 亮绿	HP176 紫色	HP191 宝蓝
HP115 米红	HP130 湖兰	HP177 彩蓝	HP192 菊黄
HP116 橡皮红	HP131 天兰	HP178 宝蓝	HP193 粉色
HP117 深灰	HP132 粉紫	HP179 深宝蓝	HP194 翠绿
HP118 深驼	HP133 浅粉	HP180 翠蓝	HP195 宝蓝
HP119 亮黄	HP134 暗红	HP181 橙色	HP196 浅灰
HP120 暗兰	HP135 暗紫	HP182 浅米	HP197 浅桔色
HP121 亮桔	HP136 褐色	HP183 亮红	HP198 桔红

图9-20 纱线色卡

（2）纱线选定及采购。根据主题色彩和纱线商色卡的匹配性选定纱线，确定纱线色号（图9-21），具体相关信息见表9-2。

HP182
浅米

图9-21　确定纱线色号

表9-2　　　　　　　　纱线相关信息

品名	纱线商	成分	支数	色彩及色号	市场单价
仿亚麻	HB	89%粘胶 11%尼龙	1/24Nm	HP182	约40元/kg

2. 花型设计方案

为了模仿雕塑的立体褶效果，花型上可以选择谷波组织，结合单面结构。由于这两种组织结构的行数有差异，因此它们组合在一起时，可以形成较好的褶皱效果。

3. 编程织造

（1）机型选择。选用CMS ADF 32BW E7.2机型。

（2）纱线区域的设置（图9-22）。

（3）组织结构的描绘（图9-23）。

（4）关键参数设定（图9-24）。

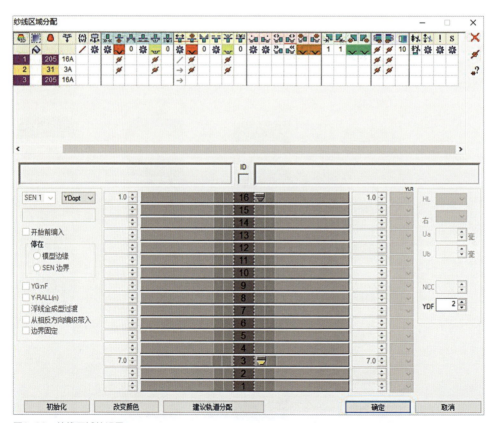

图9-22　纱线区域的设置

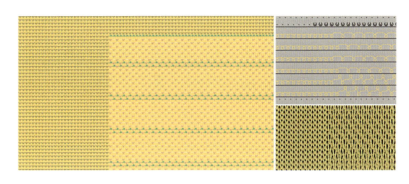

图9-23　标志视图、工艺视图和织物模拟视图

注意，由于谷波和单面一起编织形成的织物行数有所差异，会造成谷波组织处的线圈容易堆积，因此可以加入前针床沉圈的功能予以改善

线圈长度表 [F=2=try]

文件(F)　编辑(E)　查看(V)　工具(T)　问号(?)

用过的 / 常用的　默认值　织可穿

否		NP	PTS	NP E7.2 (10)	说明 [中文]
1		1	=	8.6	起始行
2		2	=	10.2	起始空转
9		4	=	10.0	放松行
48		5	=	12.2	单面平针结构前
49		6	=	12.2	单面平针结构后
258		7	=	11.7	谷波
192		11	=	8.0	起始行前
70		17	=	12.0	安全行
23		20	=	9.0	起头 1
24		21	=	10.0	起头 2
25		22	=	11.0	起头 3
27		24	=	12.0	起头 5

图9-24　主要线圈长度参数设置

由于此花型织物涉及单面和谷波两种组织结构，因此线圈长度要区分开，并根据所用纱线相应调整

三、验证及拓展

1. 织片呈现效果分析（图9-25）

本项目的面料成品较好地实现了层叠的褶皱效果。仿亚麻质感的纱线结合连续的小谷波进行编织，体现了灵感来源"意向二"里雕塑般的立体效果。此组织还可作为横织竖用面料，即图中横向编织、纵向使用，可结合半裙、连衣裙等进行款式设计。不足之处在于谷波组织较为规律、缺乏变化。

　　　　正面　　　　　　　　　　　　反面

图9-25　织片实物

2. 织片拓展

（1）设计意向：云。自然界中的云形态多种多样，观察云朵，提取其主要形态，运用凸条正反针等组织结构来表达具象图案；也可以与不同纱线相结合，形成更丰富的花型效果（图9-26）。

（2）相似组织扩展应用。针织形成的褶皱效果通过不同的针法加上对褶皱大小和疏密的控制，呈现出丰富多样的视觉效果，褶皱肌理的运用能增加针织服装的立体层次感，更显设计感（图9-27）。

图9-26　织片拓展——云的设计意向

图9-27　横织褶皱扩展案例

项目三　针织百褶设计项目

一、初步设计

1. 灵感来源

意向一：光影

光影指由光线照射所形成的阴影、亮影和光斑等效果。在艺术、影视和摄影等领域中，光影被广泛运用，能够营造出不同的氛围，表现出不同的情感。艺术家和摄影师们会利用光影的特点来突出作品的主题和特点（图9-28）。

图9-28　光影灵感来源

意向二：褶裥

　　由于褶裥本身就具有立体效果，因此它的平面丰富性表现在其本身由于折射光影就能够产生一定的色彩变化。不仅如此，不同方向的褶还可以使本来二维的平面面料产生更多不同层次的光影（色彩的本质即是不同光影在视觉中的变化），从而实现色彩的明暗层次过渡和不同色彩的交融，既丰富又简洁（图9-29）。

图9-29　褶裥灵感来源

2. 色彩提取（图9-30）

124-20-03	115-83-04	121-55-02

图9-30　主题色彩的提取（COLORO）

3. 设计灵感版

　　将意向一和意向二通过组织结构以及纱线的组合，织造出具有光影效果的针织褶裥，并采用明暗对比的手法来表现光泽和阴影的变化（图9-31）。

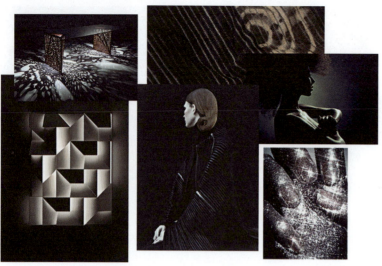

图9-31 百褶织物项目设计灵感版

二、设计呈现

1. 纱线方案

（1）纱线分析。为了表现出设计意向中的明暗对比，可考虑选择较为光滑、略带弹性的纱线，并考虑加入金银线来表现织物的光泽感。可以从图9-32、图9-33的纱线色卡中选择这些纱线。

图9-32 纱线1色卡

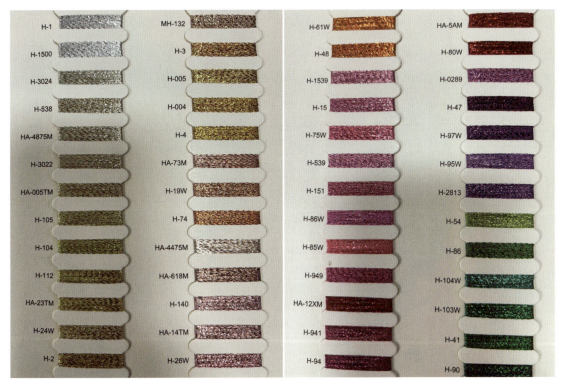

图9-33 纱线2色卡

（2）纱线选定及采购。信息见表9-3。

表9-3 纱线选定及采购

序号	品名	纱线商	成分	支数	色彩及色号	市场单价
1	天蚕丝	BY	71%粘胶 29%尼龙	1/30Nm	HT1005 HT1011	约200元/kg
2	金银线	FX	38%金属线 62%涤纶	1/110Nm	H-1	约50元/kg

2. 花型设计方案

为了表现明暗的褶裥效果，可考虑在褶裥的表面和内侧做黑、白两色芝麻点提花。由于芝麻点提花是双面结构，可以在褶裥的折痕处分别只保留反针或正针，对应形成纵向的凹、凸痕迹，有助于后期整烫定型形成百褶。

3. 编程织造

（1）机型选择。选用CMS ADF 32BW E7.2机型。

（2）设计花型的绘制（图9-34）和纱线区域的设置（图9-35）。

（3）组织结构的描绘（图9-36）。

（4）模块/CA（图9-37）。

图9-34 设计花型图

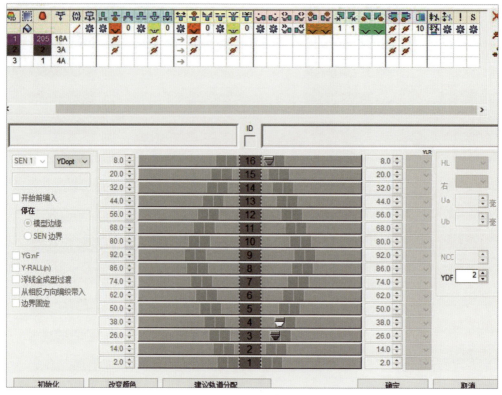

图9-35　纱线区域的设置

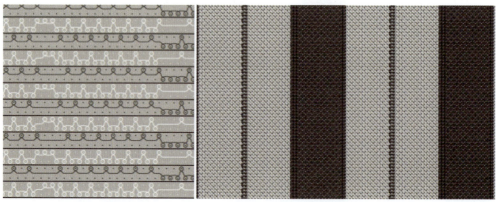

图9-36　工艺视图和织物模拟视图

图9-37　颜色排列图（CA）

三、验证及拓展

1. 织片呈现效果分析（图9-38）

本项目的面料成品较好地体现了明暗交替的褶裥效果。光滑的纱线及金属亮丝的加入，将褶裥打造成具有光影变化的立体结构；黑色、白色和金属银色的选择加深了光泽和阴影的对比效果。此织物可作为百褶半裙、连衣裙、袖口和下摆局部等的设计实现。

正面   反面

图9-38　织片实物

2. 织片拓展

（1）设计意向：星云。斗转星移，日夜交替，呈现出一种奇妙而魔幻的感觉，黑暗与光泽对比变幻，白天与黑夜交替出现，展现出一种深邃与永恒的美（图9-39）。

图9-39　织片拓展—星云设计意向

（2）相似组织扩展应用。精工褶裥、起伏罗纹可营造出视觉的立体感。局部编织可以形成工字褶，正反针的交替变化也可以形成精细褶裥和提花组织形成装饰图案，打造具有立体感的表面，并结合不同纱线的运用，呈现出丰富变化的褶裥效果（图9-40）。

图9-40 百褶组织扩展案例

本章总结

　　本章介绍了针织边缘设计、横织褶皱设计和针织百褶设计等项目，每个项目围绕特定的设计灵感，如瀑布、蛛网、沙漠、雕塑、光影等，展现了部件结构在针织服装面料设计中的重要性和创新应用实践。

课后作业

　　（1）分析每个设计项目的灵感来源和设计实现，探讨如何将灵感转化为实际的针织面料设计。

　　（2）选择一个或多个项目，进行模仿设计，从灵感提取到面料制作的整个过程。

　　（3）对每个设计项目进行创新性改造，尝试加入个人的创意和理解。

思考拓展

　　（1）如何将谷波组织等其他组织打散、复合，形成丰富的排列效果？

　　（2）思考如何在针织服装面料设计中融合更多元化的文化元素和现代艺术理念。

　　（3）探讨现代针织技术在复杂部件结构设计中的应用，以及如何提高这些设计的实用性和市场竞争力。

课程资源链接

课件

第十章 成型类针织服装设计与实现项目解析

成型类针织服装设计与实现项目主要包括针织服装设计、针织服装编织工艺和针织服装织造三大过程，每个过程都有严谨而相对较复杂的制作流程。要想很好地呈现一件针织服装，需要做好各个流程中的每一环节。

一、针织服装设计流程

流行趋势分析→市场调研→产品策划→系列效果图绘制→配色、图案设计→针织面料组织结构设计→服装规格尺寸设计→服装平面款式图绘制。

二、针织服装编织工艺流程

选用纱线、横机机号→编织面料小样→确定工艺参数→衣片结构分解→衣片编织工艺设计→制定工艺单。

三、针织服装织造流程

成型衣片程序制作→成型衣片上机编织→验片→套口→手缝→洗水→灯检→车唛、锁眼、钉扣→整烫→检验→包装、出货。

浮线镂空圆领针织背心设计与实现项目解析

此款圆领背心由某品牌设计师设计开发，用于2022春夏订货会。创意灵感汲取身边艺术从业者的真实生活碎片，或古怪诙谐，或离经叛道。

一、圆领针织背心服装设计

1. 灵感来源

意向一：菱形几何

几何元素是图案设计中不可或缺的要素，通过不同的表现手法和组合方式，可以打造出各种具有艺术感的视觉效果，使图案更加精致、高级、时尚（图10-1）。

图10-1 菱形几何灵感来源

意向二：麻草帘

麻草帘由苎麻、红麻、草、竹和纸等材质手工编织而成，自然环保，是最接近原生态的自然衍生产品。帘片平整，丝线分明，但比网纱更加轻盈坚韧。麻草帘自然的纹理透着呼吸感，简约清爽，给人淳朴、真挚的松弛感（图10-2）。

2. 色彩提取和纱线选择（图10-3）

根据麻草帘的意向，最终选择了轻薄、透气悬垂感较好的醋酸纱浅，在色彩上选择白灰色和咖色进行搭配。

图10-2 麻草帘灵感来源

图10-3 色彩提取和纱线选择

3. 设计灵感版

几何图案不仅展现了随性和流动感，同时也将优雅的细致和恰到好处的慵懒感相互融合。排列规则的矩形、菱形等图案，有规则的等比变化，形成循环设计效果，使得单品也焕然一新（图10-4）。

图10-4 浮线镂空圆领针织背心项目设计灵感版

二、设计解析

1. 款式设计

如图10-5所示，此款毛衫为微收腰圆领背心，全身虚实变化的镂空设计增加了此款毛衫的时尚感。领子采用不对称设计，左侧为常规圆领，右侧为小翻领，使此款毛衫显得与众不同；并且在领口处采用了不规则浮线的细节，也在局部起到了很好的装饰效果。

2. 色彩设计

此款毛衫采用咖色与白灰色不规则混合设计，露出不同深浅层次的咖色与白灰色，让轻薄的毛衫有了质感，打造出赏心悦目的视觉感受。穿着时，咖色与白灰色不规则混合搭配更能衬托肤色，并且彰显轻柔、冷清气质。冷色系的搭配使此款毛衫打破了传统的性别界限，既适合女士穿搭，也适合男士穿着。

3. 组织结构设计

此款圆领背心为春夏款式，因此采用较为轻薄的纬平针组织为底组织，并在此基础上采用浮线组织排列出菱形图案。在浮线所排成的菱形图案的四个角上，由于线圈的存在无法都编织浮线，因此保留着纬平针所组成的小菱形与浮线所排列形成的大菱形，两者相互呼应。下摆采用空转罗纹，使下摆保持平整且不会收缩。挂肩罗纹和领子罗纹采用2×2罗纹，有一定弹力，并且在领口边缘处加入不规则浮线组织，使之与大身浮线组织相呼应。

正面

背面

图10-5 圆领背心款式设计图

4. 规格尺寸设计

圆领背心规格尺寸见表10-1，测量部位示意图如图10-6所示。

表10-1 圆领背心规格尺寸

编号	①	②	③	④	⑤	⑥	⑦	⑧
部位	衣长	胸宽	腰宽	下摆宽	领宽	挂肩	腰位	下摆罗纹高
尺寸（cm）	46	42	40	42	25	18	36	1
编号	⑨	⑩	⑪	⑫	⑬	⑭	⑮	
部位	领罗纹高	翻领宽	前领深	前无翻领宽	后无翻领宽	挂肩罗纹宽	领罗纹宽	
尺寸（cm）	5	5	4	20	18	3	32	

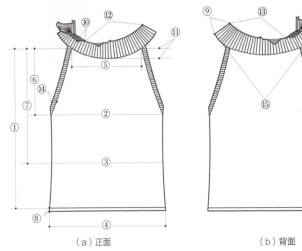

（a）正面　　　　　（b）背面

图10-6　背心测量部位示意图

三、圆领针织背心造型分解和编织工艺解析

1. 纱线原料选择

此款毛衫采用的原料为54Nm/1混纺纱线，成分为53%棉47%醋酸纤维。棉具有吸湿排汗的作用，醋酸纤维具有真丝般的光泽和良好的悬垂感。

采用两条咖色纱线和两条白灰色纱线混纱编织。

2. 编制设备确定

（1）电脑横机型号：CMS ADF 32 BW（Upgraded）。

（2）电脑横机机号：7.2针（针距14，针钩号10）。

3. 手感样片编织

此款毛衫前后片的下摆罗纹为空转罗纹，前片和后片为单面浮线组织，因此第一个手感样片可以编织空转罗纹和单面浮线组织，排针184针，编织空转罗纹10转后编织单面浮线组织134转。单面浮线组织的标志视图、织物模拟视图和织片实物图，如图10-7所示。

领口罗纹和挂肩罗纹为2×2罗纹，并做了浮线作为装饰，因此第二个手感样片可以编织2×2罗纹组织并加入浮线装饰，排针210针，编织2×2

图10-7　单面浮线组织标志视图、织物模拟视图和织片实物图

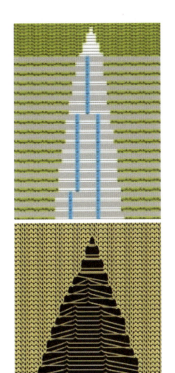

图10-8 罗纹组织浮线区域标志视图和织物模拟视图

罗纹组织25转。2×2罗纹组织浮线区域的标志视图和织物模拟视图如图10-8所示。

4. 工艺参数确定

经测量手感样片，单面浮线组织134转宽38厘米，184针长28.5厘米；下摆空转罗纹组织10转宽1cm，184针长28.5厘米；2×2罗纹组织25转宽8.6厘米，210针长27.6厘米。通过上述数据可以计算出此款毛衫的成品密度，见表10-2。

表10-2 织物成品密度

组织 密度	单面浮线组织	下摆空转罗纹组织	2×2罗纹组织
成品纵密（转/10cm）	35	100	58
成品横密（针/10cm）	65	65	76

5. 衣片结构分解

将此款毛衫衣片结构进行分解后，毛衫前片、后片、领片和挂肩边的形态和工艺单计算部位如图10-9所示。

6. 工艺计算

此款毛衫的前片工艺计算见表10-3，后片工艺计算见表10-4，领片工艺计算见表10-5，挂肩边工艺计算表见表10-6。

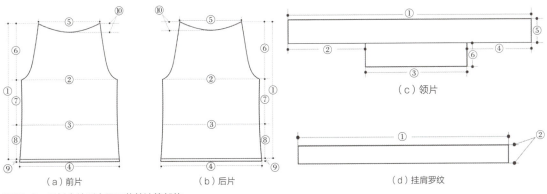

（a）前片　　　　（b）后片　　　　（c）领片　　　　（d）挂肩罗纹

图10-9 毛衫衣片形态及工艺单计算部位

表10-3 前片工艺计算

序号	指标	工艺计算过程	结果
1	衣长转数	46×3.5=161	取161转
2	胸宽针数	（42+2）×6.5=286	取287针
3	腰宽针数	（40+2）×6.5=273	取273针
4	前片下摆针数	（42+2）×6.5=286	取287针
5	领宽针数	25×6.5=162.5	取163针
6	挂肩转数	18×3.5=63	取63转
7	腰位以上挂肩以下转数	（36-18）×3.5=63	取63转
8	腰位以下转数	（46-36）×3.5=35	取35转

序号	指标	工艺计算过程	结果
9	下摆空转罗纹转数	1×10=10	取10转
10	前领深转数	4×3.5=14	取14转
11	腰位以下收针分配	收针针数=(287-273)÷2=7针 收针转数=35转	平7转 4-1-7（先摇）
12	腰位以上放针分配	放针针数=(287-273)÷2=7针 放针转数=63转	平8转 8+1+7（先加） 平7转
13	挂肩收针分配	收针针数=(287-163)÷2=62针 收针转数=63转	平5转 5-2-2 4-2-4 3-2-2 2-2-5 1.5-2-4 1-2-10（先摇） 平收8针
14	前领收针分配	收针针数=163针 收针转数=14转	平1转 1-3-3 1-4-3 1-5-5 1-6-2 中平收41针

表10-4 　　　　　　　　　　后片工艺计算

序号	指标	工艺计算过程	结果
1	衣长转数	46×3.5=161	取161转
2	胸宽针数	42×6.5=273	取273针
3	腰宽针数	40×6.5=260	取259针
4	后片下摆针数	42×6.5=273	取273针
5	领宽针数	25×6.5=162.5	取163针
6	挂肩转数	18×3.5=63	取63转
7	腰位以上挂肩以下转数	(36-18)×3.5=63	取63转
8	腰位以下转数	(46-36)×3.5=35	取35转
9	下摆空转罗纹转数	1×10=10	取10转
10	后领深转数	4×3.5=14	取14转
11	腰位以下收针分配	收针针数=(273-259)÷2=7针 收针转数=35转	平7转 4-1-7（先摇）
12	腰位以上放针分配	收针针数=(273-259)÷2=7针 收针转数=63转	平8转 8+1+7（先加） 平7转
13	挂肩收针分配	收针针数=(273-163)÷2=55针 收针转数=63转	平5K 3-1-1 4-2-4 3-2-5 2-2-10 1-2-4（先摇） 平收8针

序号	指标	工艺计算过程	结果
14	后领收针分配	收针针数=163针 收针转数=14转	平1转 1-3-3 1-4-3 1-5-5 1-6-2 中平收41针

表10-5 领片工艺计算

序号	指标	工艺计算过程	结果
1	领子罗纹针数	32×2×7.6=486.4	取488针
2	前领无翻领针数	20×7.6=152	取152针
3	翻领针数	（32×2-20-18）×7.6=197.6	取200针
4	后领无翻领针数	488-152-200=136	取136针
5	领罗纹转数	5×5.8=29	取29K
6	翻领转数	5×5.8=29	取29K

表10-6 挂肩边工艺计算

序号	指标	工艺计算过程	结果
1	罗纹针数	18×2×7.6=273.6	取276针
2	罗纹转数	3×5.8=17.4	取17转

7. 工艺图制定

圆领背心上机工艺图如图10-10所示。

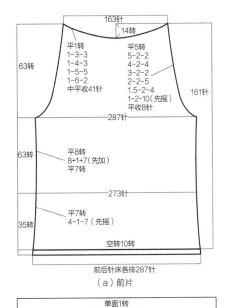
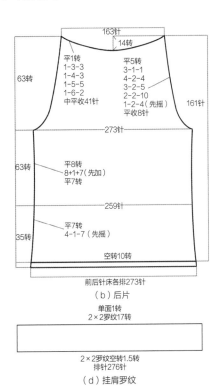

图10-10 圆领背心上机工艺图

四、圆领针织背心织造过程解析和开发实现

1. 成型衣片编织程序设计

（1）工艺单输入。将圆领背心上机工艺图输入M1plus软件中并保存，前片工艺单输入界面如图10-11所示，后片工艺单输入界面如图10-12、图10-13所示。

号码.	行编辑	高度幅度	宽度幅度	次数	宽度 ——	宽度 \\\	功能	组	注释
1		0.0	143	1			基线	0	
2		4.0	-1	7	1	0	收针	0	CMS >6
3		7.0	0	1		0		0	CMS >6
4		7.0	0	1		0		0	CMS >6
5		8.0	1	7	1	0	放针	0	CMS >6
6		8.0	0	1		0		0	CMS >6
7		0.0	-8	1	0	0	收针	0	CMS >6
8		1.0	0	1		0		0	CMS >6
9		1.0	-2	10	2	0	收针	0	CMS >6
10		1.5	-2	4	2	0	收针	0	CMS >6
11		2.0	-2	5	2	0	收针	0	CMS >6
12		3.0	-2	2	2	0	收针	0	CMS >6
13		4.0	-2	4	2	0	收针	0	CMS >6
14		5.0	-2	2	2	0	收针	0	CMS >6
15		5.0	0	1		0		0	CMS >6
16		0.0	0	1		0		0	CMS >6
17		0.0	-81	1				0	

（a）前片基本模型

号码.	行编辑	高度幅度	宽度幅度	次数	宽度 ——	宽度 \\\	功能	组	注释
1		0.0	-20	1		0	拷针	0	
2		1.0	0	1		0		0	CMS >6
3		1.0	-6	2	0	0	收针	0	CMS >6
4		1.0	-5	5	0	0	收针	0	CMS >6
5		1.0	-4	3	0	0	收针	0	CMS >6
6		1.0	-3	3	0	0	收针	0	CMS >6
7		1.0	0	1		0		0	CMS >6
8		0.0	0	1		0		0	CMS >6
9		0.0	0	1		0		0	CMS >6
10		0.0	78	1				0	

（b）前片开领

图10-11　前片工艺单输入界面

号码.	行编辑	高度幅度	宽度幅度	次数	宽度 ——	宽度 \\\	功能	组	注释
1		0.0	136	1			基线	0	
2		4.0	-1	7	1	0	收针	0	CMS >6
3		7.0	0	1		0		0	CMS >6
4		7.0	0	1		0		0	CMS >6
5		8.0	1	7	1	0	放针	0	CMS >6
6		8.0	0	1		0		0	CMS >6
7		0.0	-8	1	0	0	收针	0	CMS >6
8		1.0	0	1		0		0	CMS >6
9		1.0	-2	4	2	0	收针	0	CMS >6
10		2.0	-2	10	2	0	收针	0	CMS >6
11		3.0	-2	5	2	0	收针	0	CMS >6
12		4.0	-2	4	2	0	收针	0	CMS >6
13		3.0	-1	1	2	0	收针	0	CMS >6
14		5.0	0	1		0		0	CMS >6
15		0.0	0	1		0		0	CMS >6
16		0.0	-81	1				0	

（a）后片基本模型

图10-12　后片工艺单输入界面（一）

（a）前片套模型图

（b）后片套模型图

图10-14　前片和后片套模型图

号码.	行编辑	高度幅度	宽度幅度	次数	宽度---	宽度\\\	功能	组	注释
1		0.0	-20	1		0	拷针	0	
2		1.0	0	1		0		0	CMS >6<
3		1.0	-6	2	0	0	收针	0	CMS >6<
4		1.0	-5	5	0	0	收针	0	CMS >6<
5		1.0	-4	3	0	0	收针	0	CMS >6<
6		1.0	-3	3	0	0	收针	0	CMS >6<
7		1.0	0	1		0		0	CMS >6<
8		0.0	0	1		0		0	CMS >6<
9		0.0	0	1		0		0	CMS >6<
10		0.0	78	1				0	

（b）后片开领

图10-13　后片工艺单输入界面（二）

（2）套模型。套模型前，需要注意底图大小要大于模型的大小，并在画布中将组织结构画好，然后"打开和定位模型"，定位模型时要确认花型在衣片上要左右对称（图10-14）。

（3）成型程序处理。前后片成型程序编写时要注意修边。领口处理时使用一把纱嘴开领的方式。前后片程序编写时，要注意边缘的不规则浮线组织需修边处理。挂肩罗纹程序编写时，可以将左右两条挂肩编写在同一个程序中（图10-15）。

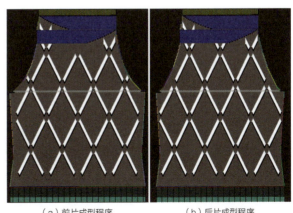

（a）前片成型程序　　　　　　　　　　（b）后片成型程序

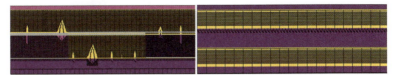

（c）领子成型程序　　　　　　　　　　（d）挂肩成型程序

图10-15　圆领背心成型程序图

2. 成型衣片上机编织并验片

将编写好的程序导出U盘后，读入CMS ADF 32 BW（Upgraded）机器，接好纱线后，调节好设备参数（主要包括线圈长度、皮带牵拉、机速）进行编织。编织完成后，通过拉密检查衣片密度是否准确，以及织片是否有破损。

3. 套口、手缝

将毛衫前片和后片主纱区域最后一行单面进行封口处理，然后依次拼接侧缝、绱领子、上挂肩。完成套口后拆掉封口废纱，并藏线头。

4. 洗水、烘干

清水中放入适量的柔软剂和平滑剂，将毛衫放入浸泡后洗涤，甩干后放入烘箱烘干。

5. 整烫

按照规格尺寸选用胸围84厘米的烫架，用蒸汽熨烫，避免用熨斗压烫毛衫，熨烫温度100℃～120℃。注意此款背心的领型要熨烫圆顺，并将领子右侧的翻领部分翻折熨烫美观。

6. 成衣效果展示

圆领背心毛衫整烫后的成衣效果如图10-16所示。

图10-16　圆领背心成衣展示图

五、织片拓展

1. 设计意向：木纹

木纹肌理带给人舒适温馨的感受，以树木内的年轮肌理为灵感，通过木纹的微妙变化、线条粗细转换，提取出抽象的轮廓归纳，可以用浮线镂空组织结构来表达（图10-17）。

2. 相似组织拓展应用

浮线镂空类针织手法常在春夏的针织服装中应用，其形成的肌理质感打破了纬平针的平静，镂空的视觉传递着若隐若现的美（图10-18）。

图10-17　织片拓展——木纹设计意向

图10-18　浮线镂空应用扩展案例

本章总结

本章通过浮线镂空圆领针织背心设计实践项目，较详细地展示了成型类针织服装设计与实现包括针织服装款式设计、针织服装编织工艺、针织服装织造和后整理的完整流程，体现了针织服装设计的细致严谨；并且进行了一定的设计织片拓展，旨在引导设计者进行针织面料和针织服装设计的多维创意。

课后作业

（1）分析浮线镂空圆领针织背心的设计与实现流程，理解从灵感提取到成品实现的各个步骤。

（2）尝试设计一款自己的成型类针织服装，应用所学知识在设计中实现创新。

（3）对现有设计进行改良，尝试不同的材料、色彩和组织结构，探索更多的可能性。

思考拓展

（1）探讨如何将传统手工艺和现代针织技术相结合，创造出既有手工艺美感又符合现代审美的针织服装。

（2）思考在针织服装设计中如何更好地应用生态环保材料，推动可持续时尚的发展。

课程资源链接

课件

参考文献

[1] 龙海如. 针织学[M]. 北京：中国纺织出版社，2008.

[2] 龚雪鸥. 电脑横机织物组织设计与实践[M]. 北京：清华大学出版社，2019.

[3] 曾丽. 针织服装设计[M]. 北京：中国纺织出版社，2018.

[4] 李学佳，周开颜. 成形针织服装设计[M]. 北京：中国纺织出版社，2019.

[5] 沈雷. 针织服装艺术设计[M]. 北京：中国纺织出版社，2019.

[6] 裘玉英. 针织毛衫组织设计[M]. 北京：中国纺织出版社，2022.

[7] 王利平，易洪雷，马春艳. 羊毛衫设计与工艺[M]. 北京：中国纺织出版社，2018.

[8] 柯宝珠. 针织服装设计与工艺[M]. 北京：中国纺织出版社，2019.

[9] 龙海如，秦志刚. 针织工艺学[M]. 上海：东华大学出版社，2017.

[10] 谢丽钻. 针织服装结构原理与制图[M]. 北京：中国纺织出版社，2016.

[11] 李华，张伍. 毛衫生产实际操作[M]. 北京：中国纺织出版社，2010.